내 몸에 꼭 필요한 영양소는 무엇일까?

글 **정옥선** / 그림 **민예지**

모아북스
MOABOOKS

우리가 알아야 할 영양소 이 한 권에 담다

저는 평범한 학생입니다. 아직 진로 결정도 못했고, 시험기간이 되면 죽어라 공부하다가 시험 끝나면 신나게 놀고, 또 그러다가 성적표가 나오면 절망하는 그런 보통 아이들과 같은 평범한 중2 여학생이었습니다. 그런데 어느 날 영양에 관련된 사업을 하는 엄마를 보고, 영양소에 대해서 정리를 해보고 싶다는 생각이 들었습니다. 그래서 내가 이런 영양소 책을 쓰면 엄마가 일할 때도 훨씬 쉽고 수월하게, 좀 더 편하게 일을 할 수 있을 것 같아 엄마를 도와주려고 시작하게 되었습니다. 엄마는 항상 일을 하실 때, 영양소가 얼마나 중요한지 항상 강조하십니다. 그래서 영양소란 과연 무엇이고, 영양소가 얼마나 중요한지 궁금증과 호기심이 생겼습니다. 저는 항상 그런 영양소에 대해 잘 정리된 책을 만들면 엄마가 일을 하면서 고객들과 상담을 할 때도 쉽게 설명을 해줄 수 있고, 사람들이 볼 때도 큰 도움이 될 것 같았습니다. 그래서 제 나이같은 친구들은 물론, 어른들, 어린아이들까지 쉽고, 부담되지 않는 그런 책을 만들어보고 싶었습니다.

평소에도 글 쓰는 걸 좋아했고, 언제 한번은 꼭 책을 써보고 싶다는 생각이 있었기 때문에 그래, 한번 해보자, 호기심 반, 재미 반으로 시작했습니다. 처음엔 그냥 쉽게 생각해서 결정한 일이었는데, 계속 쓰다 보니 정말 책 쓰는 일이 보통이 아니었습니다. 며칠 부지런히 하면 충분히 다 할 수 있을 줄 알았는데, 직접 해보니까 책 쓰는 일이라는 건 정말 손도 많이 가고, 스트레스도 많이 받고, 참 골치 아픈 것이라는 걸 점

차 알아갔습니다. 그리고 책 내용도 몇 가지만 그냥 끄적끄적 할 게 아니라 더 섬세하고, 자세하게, 더욱 더 세밀하게 작업해야 했습니다. 그래서 저는 학교가 끝나고 나서 틈틈이 책을 찾고, 글을 쓰고, 그림도 그려보고, 그 내용들을 보기 쉽게 정리하며 시간을 보냈습니다. 그런데 이렇게 내용을 쓰기 위해 수많은 정보를 찾고, 그 정신없는 정보들을 다 한데 모아서 알기 쉽고, 보기 쉽게 정리하는 것은 상당히 힘든 일이었습니다. 포기할까도 생각했었지만, 그럴 때마다 늘 마음속으로 다짐을 하며 열심히 작업을 이어나갔습니다. 그 고충을 겪은 만큼 더 보람되고, 뿌듯하고, 더 성장할 수 있었던 것 같습니다. 그리고 정보들과 지식들을 하나하나 알아갈 때마다 매우 기쁘고, 즐거웠습니다. 쓰기 시작한지는 2학년 때였는데, 학업이나 다른 일들을 같이 겸해서 하느라 중학교 생활을 마무리하며 완성하게 됐네요. 이제 몇 달만 있으면 고등학생인데, 이 일이 중학교 생활의 또 하나의 추억으로 남을 것 같습니다. 이 책을 마무리 하면서 생각해보니 처음엔 그냥 사람들에게 도움을 주고 싶어서 시작한 일인데, 하다보니 저 자신한테도 너무 도움이 되고, 즐거움을 느낄 수 있어서 감사한 마음이 듭니다. 좀 지루할 수도 있는 내용이지만, 이 책을 보면서 더 많은 지식 알아가고, 이 책이 여러분들에게 많은 도움이 되었으면 좋겠습니다. 영양소 부족으로 많은 사람들이 어려움을 겪고 있는데, 도움이 되었으면 좋겠습니다. 마지막으로, 이 책을 끝까지 잘 완성하게 돼서 너무 기쁘고, 뒤에서 응원해주시고, 위로해주셨던 엄마께도 정말 감사합니다. 재미있게 잘 봐주세요~

엄마 정옥선, 딸 민예지

|차 례|

1장 영양소에 대해 알아볼까요?

우리는 하루에 세 끼 음식물을 섭취함으로써 생명 활동을 이어갑니다. 섭취한 음식물은 소화와 분해 과정을 거쳐 영양소로 전환되어 몸 구석구석의 에너지원으로 사용됩니다. 이처럼 음식 섭취는 단순히 맛을 즐기고 허기를 채우는 것 이상으로 삶을 이끌어가는 가장 기본적인 생명 활동인 것입니다.

그럼에도 우리가 섭취하는 음식물에 어떤 영양소가 포함되어 있고, 각각의 영양소가 어떤 역할을 하는지, 만일 부족해지면 어떤 증상이 발생하는지 등에 관심을 가지는 일은 드뭅니다. 영양소야말로 생명의 기본단위임에도 그 중요성을 간과한 탓이라고 하겠습니다.

그럼 영양소에 대해 쉽게 알아봅시다.

영양소

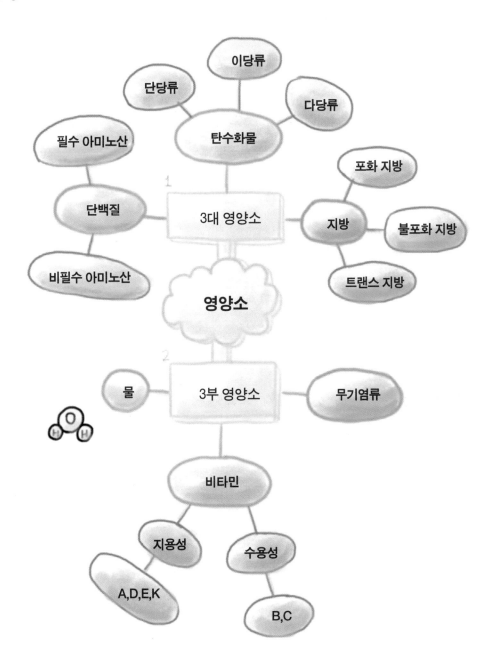

왜 영양소가 중요한가?

많은 의사들은 삼시세끼만 소중히 챙겨먹어도 질병 걱정을 크게 줄일 수 있다고 입을 모아 말합니다. 즉 우리가 매일 먹는 음식물들이 건강을 지켜주거나 그와 반대로 질병을 가져올 수도 있다는 의미입니다. 이는 우리들에게 전해 내려오는 '약식동원'이라는 말과도 일맥상통합니다. 우리가 먹는 음식이 곧 우리 몸을 만들고, 건강과 질병을 결정한다는 의미입니다. 그럼에도 우리는 과연 얼마나 매일 섭취하는 식단에 주의를 기울이고 있을까요? 음식물이 우리 몸에 어떤 영양소를 공급하고 질병과 어떤 관련을 가지는지 진지하게 생각해본 적이 있을까요?

현대는 말 그대로 식생활과 관련해 나날이 열악해져가는 환경 속에 놓여 있습니다. 바쁘다는 이유로 첨가물 범벅인 가공식품을 사먹는 일이 일상화되었고, 농작물은 농약에 찌들어 있으며, 하루 세끼는커녕 한끼만 챙겨먹어도 다행이라고 할 정도로 분주한 삶을 살고 있습니다. 이런 상황에서 우리가 먹는 음식과 영양소에 무지한 것은 큰 질병을 불러오는 가장 큰 원인이 될 수도 있습니다.

이제, 영양소를 제대로 알아야 합니다

이 책은 우리 건강을 책임지는 다양한 영양소들을 누구나 알기 쉽게 개괄해놓은 영양소 소백과사전으로 평상시 우리가 섭취하는 영양소가 우리 몸에 어떤 작용을 하는지, 나아가 영양소와 건강, 영양소와 질병 간에는 어떤 상관관계가 있는지 등등 영양소와 관련된 핵심적인 내용들을 담아놓았습니다. 평소 영양소의 기능과, 어떻게 하면 균형 잡힌 영양소를 섭취할 수 있을지 궁금하셨던 분들이라면 이 책이 좋은 조언자가 될 것입니다. 나아가 평소 영양소에 대해 아는 것이 많지 않았던 분도 항상 이 책을 곁에 두고 살피며 오늘 먹는 식단에 배운 지식을 반영한다면, 진정한 100세 건강의 첫 걸음을 시작할 수 있을 것입니다.

2장 영양소가 우리 인체에 중요한 이유는 무엇일까요?

영양소는 인체를 움직이는 에너지원입니다

인체는 나날이 생명을 유지하고 활동을 할 수 있는 에너지원을 필요로 합니다. 영양소란 바로 이 인체 활동을 지원하는 에너지원을 뜻합니다. 인체에 필요한 영양소는 매우 다양하며 구성 비율은 물〉단백질〉지방〉무기염류〉탄수화물〉기타로 이루어집니다.

영양소가 결핍되면 어떤 현상이 일어나는가?

인체 영양소는 인체의 생명 활동에 필수적인 요소로서 결핍될 경우 원활한 신진대사를 할 수 없게 되고, 특히 장기적인 영양소 결핍은 면역 균형에 이상을 가져와 치명적인 질병을 불러오기도 합니다. 나아가 성장기 어린이들의 경우 영양소 결핍이 성장 저해의 원인이 됩니다. 따라서 성장기 어린이는 물론 어른들도 모든 영양소를 골고루 섭취하는 것이야말로 건강을 지키는 기본임을 기억해야 합니다.

먹는 음식이 중요한 이유는

영양소를 체내에 공급하는 가장 주된 경로는 바로 음식물 섭취입니다. 어떤 음식을 어떻게 먹는가가 인체 영양 공급에 결정적인 영향을 미치는 셈입니다. 평상시 먹는 삼시세끼가 내 건강의 척도가 된다는 점을 기억하고 균형 잡힌 식단을 고려해야합니다.

이거 알아요? : 균형 잡힌 식단이란?

- 필요한 영양소가 편중되지 않고 골고루 포함된 식단
- 현대인의 특성을 고려해 부족해지기 쉬운 영양소를 집중적으로 공급하는 식단
- 첨가물과 화학물질들이 배제된 건강한 식단입니다

3장 3대 영양소는 어떻게 이루어졌어요?

1. 탄수화물

　　탄수화물은 주로 인체 에너지원으로 쓰이는 만큼 우리가 제일 많이 먹는 영양소로 1g당 4kcal의 에너지를 내며, 단당류, 이당류, 다당류, 3가지로 나뉩니다. 인체 흡수 후에 에너지로 거의 사용되며 전체 인체 구성 비율은 0.6%로 매우 낮습니다.

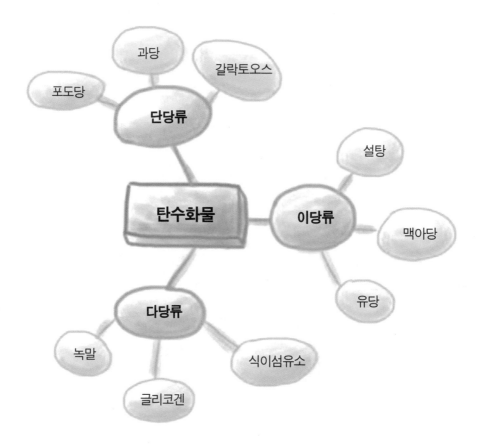

우리가 매일 먹는 탄수화물은 무엇?

탄수화물은 곡물에 풍부하게 포함되어 있습니다. 우리가 매일 먹는 밥은 물론, 국수, 빵, 고구마, 감자 등에 많이 들어 있습니다.

탄수화물의 분해 3단계

1단계 : 음식으로 섭취한 곡물은 우리 침과 섞이게 되는데 이때 침 속의 * '아밀레이스' 라는 소화효소를 만나 녹말이 엿당으로 분해됩니다.

2단계 : 분해된 엿당은 소장으로 이동해 또 다시 이자액 속에 있는 '아밀레이스' 로 다시 한 번 엿당으로 분해됩니다.

3단계: 마지막으로 장으로 이동해 장액 속에 있는 * '말테이스' 라는 또 다른 소화 효소로 인해 최종 산물인 포도당의 형태로 흡수됩니다.

여기서 잠깐 ! : 포도당 주사란?

흔히 기력이 떨어지거나 질병 회복 시 포도당 주사를 맞는 경우가 많습니다. 이처럼 포도당 주사를 맞는 이유는 섭식이 어렵거나 질병으로 인해 체내 에너지원이 급격히 고갈되어 체내 대사에 문제가 생겼을 때, 빠른 탄수화물 공급으로 인체 활력을 높이기 위함입니다. 음식으로 탄수화물을 섭취하게 될 경우 씹어서 넘기고 소화되는 모든 과정을 거쳐 긴 시간 내에 체내 포도당이 공급되지만 정맥주사로 들어온 포도당은 즉각적으로 체내에 흡수되어 빠른 효과를 냅니다.

용어 알아보기

* 아밀레이스 : 전분을 가수분해해서 맥아당이나 덱스트린으로 하는 효소, 사람의 소화효소로서는 타액에 존재하는 것(프티알린)과 췌액(膵液)에 있는 아밀라제아밀로프신)가 있다. 췌장의 염증 등일 때에는 특히 후자가 혈청중에 나타나므로 진단에 사용된다. 프티알린은 염소이온에 의해 활성화된다.

출처: 네이버 지식백과

* 말테이스 : 소화 효소의 한 가지. 말타아제라고도 한다. 엿당을 2분자의 포도당으로 가수 분해하는 효소이다. 동식물계에 널리 분포하며 특히 엿기름, 효모균, 곰팡이 등의 것은 활성이 강하다. 동물에서는 소화 효소로서 타액, 이자액, 장액 및 연체동물이나 갑각류의 중장샘 등에 함유된다.

출처: 네이버 지식백과

단당류

　단당류란 체내에 흡수되면서 산·알칼리·효소 등으로 분해가 이루어진 최종 결과물로 더 이상 가수분해되지 않는 간단한 구조의 탄수화물입니다. 포도당도 이 단당류에 속하며, 그 외에 과당과 갈락토오스가 있습니다. 우리가 일상적으로 섭취하는 식품들 안에 널리 분포되어 있으며 신진대사를 이끄는 역할을 합니다.

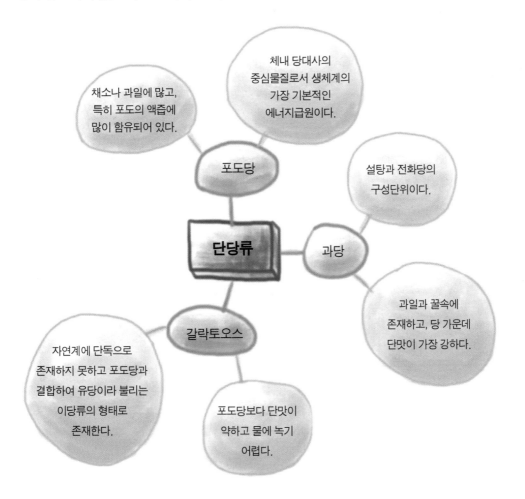

탄소 수가 여섯 개인 육탄당은

단당류는 각각의 탄소 수에 따라서 오탄당, 육탄당 등으로 나뉘어지는데, 자연계에 가장 많이 존재하는 단당류는 육탄당이며, 포도당 과당 *갈락토오스가 대표적입니다.

단당류의 대표 음식인 밥

단당류는 음식의 맛과도 긴밀한 영향이 있는데, 보통 단맛을 내는 탄수화물로도 잘 알려져 있습니다. 대표적인 단당류 음식을 들자면 밥이 있는데, 밥을 입에 넣고 오래 씹으면 단맛이 느껴지는 것을 알 수 있습니다. 이때 단맛을 내는 것이 바로 단당류로서 밥의 주요 성분인 포도당이 분해되어 흡수되고 에너지원으로 이용되게 됩니다.

알고 있나요!? : 포도에 많은 포도당이란

포도당이라는 이름에서도 알 수 있듯이 포도당은 채소나 과일에 풍부하게 포함되어 있고 특히 포도즙에 많이 함유되어 있습니다. 여름 더위에 지쳤을 때 포도 섭취가 도움이 되는 이유도 이 때문입니다.

용어 알아보기

*갈락토오스: 육탄당(알도헥소스)의 하나로 글루코스보다 단맛이 덜하다. 갈락토오스라는 이름은 젖을 뜻하는 고대 그리스어에서 왔다. 갈락토오스는 단당류로, 글루코스와 탈수 결합을 통해 이당류인 락토스(유당)가 된다.

출처: 위키백과

이당류

　이당류는 단당류 분자 2개가 결합한 상태를 말하며, 설탕, 맥아당, 유당으로 나뉩니다. 이 이당류들은 섭취한다고 곧바로 에너지원으로 사용되지 않으며, 각각에 해당되는 분해 효소에 의해 분해되어 단당류의 형태로 흡수됩니다.

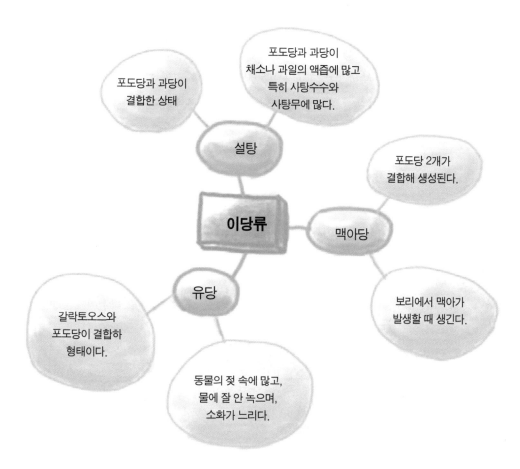

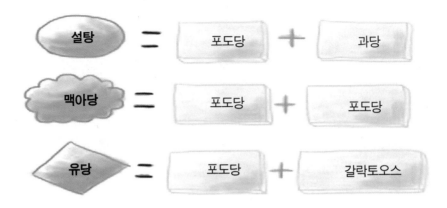

대표적인 이당류는 설탕

이당류의 대표는 설탕입니다. 설탕은 포도당 하나와 과당 하나가 결합해 만들어지며, 자연계에서 가장 풍부한 이당류로서 주로 사탕무와 사탕수수와 같은 식물에서 만들어집니다. 설탕을 먹으면 포도당과 과당으로 각각 분해되어 흡수되게 됩니다.

발효 음료와 맥아당

맥아당은 곡물 속의 녹말이 분해되면서 만들어내는 중간물질로서 막걸리, 맥주와 같은 술과 더불어 식혜 등의 곡물 발효 음식을 만들 때 사용되는 엿기름에 풍부합니다. 따라서 발효된 음료에는 맥아당이 풍부합니다.

 알고 있나요? : 소화가 어려운 유당

유당이 함유된 우유나 유제품을 섭취했을 때 소장 상부에서 유당 소화와 분해 효소가 분비되지 않아 복부 팽만, 복통, 설사 등을 일으키는 증상을 유당불내증이라고 합니다. 이는 선천적으로 유당에 대한 소화효소가 결핍되어 있는 경우로 특히 아시아인은 절반가량이 유당 소화 효소의 선천적 결핍을 가지고 있습니다. 나아가 흔히 애완견에게 우유를 먹이는 경우가 있는데, 개에게는 유당 소화 효소가 전혀 없는 만큼 탈이 날 수 있습니다.

다당류

다당류는 동물과 식물에서 에너지를 저장하거나 구조를 형성할 때 만들어지는 형태의 당류로서 여러 개의 단당류들이 결합하여 만들어집니다. 이 단당류는 가수분해될 때 합쳐져 있던 많은 수의 단당류들이 분해되어 떨어지게 됩니다. 소화성인 전분 다당류(녹말, 글리코겐)와, 난소화성인 비전분 다당류(식이섬유소)로 구분됩니다.

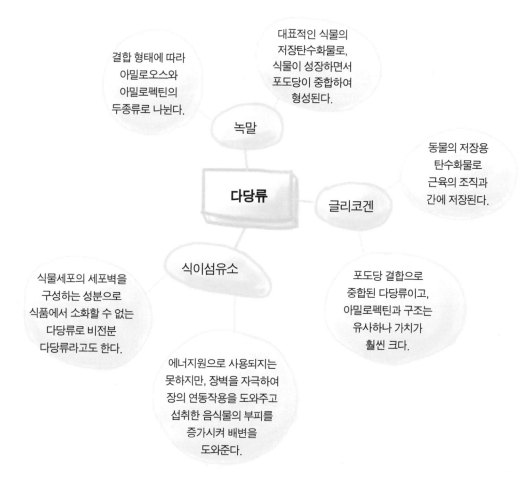

저장성 다당류와 구조성 다당류

- 저장성 다당류 : 녹말이나 글리코겐 등으로 식물에 함유되어 있으며, 동물의 중요한 에너지원이 됩니다. 에너지를 저장하는 기능을 가지며 동물의 근육이나 간에 다량 저장되게 됩니다.

- 구조성 다당류 : 셀룰로오스나 키틴 등의 식이섬유 형태로 존재하며 식물의 세포벽을 구성합니다. 과일, 채소 및 해조류에 다량 함유되어 있으며 인체 소화 효소로는 분해되지 않지만 건강에 이롭습니다.

식이섬유를 충분히 섭취하자

단당류와 이당류와 달리 다당류는 단맛을 내지 않는 식이섬유소도 포함합니다. 식이섬유소는 식물의 딱딱한 줄기나 섬유소 형태로서 소화 흡수되지 않으므로 영양학적 가치는 미약하나 영양소로 변비와 다이어트에 탁월한 효과를 보이며 장 건강에도 직결되는 만큼 충분한 섭취가 권장됩니다.

기능성 다당류란?

'기능성 다당류' 란 다당류 중에서도 인체 건강을 높여주는 특정한 다당류로서 선진국에서는 의약품, 식품, 화장품 등 다양한 분야에서 기능성다당류를 사용하고 있습니다. 한 예로 의약품의 경우 기능성 다당류가 첨가되면 DDS(약물전달체계)를 개선, 효능을 높여주며, 고사리와 버섯 등에서 추출되는 일부 다당류는 면역력 증진과 항암 효과가 있어 연구 개발이 활발하게 진행되고 있습니다.

 여기서 잠깐! : 운동 후 다당류 섭취가 중요한 이유는

글리코겐은 인체 내에 저장되는 저당 다당류의 하나로서, 간이나 근육에 많이 분포하면서 근육의 에너지원으로 사용됩니다. 때문에 장시간 운동 시 인체는 글리코겐이 극도로 감소하게 되는데, 소모된 에너지와 글리코겐 수치를 안정적으로 돌이켜 신체회복을 도모하려면 충분한 글리코겐 섭취가 필요합니다. 운동을 많이 하는 이들이 운동 후 보충제를 섭취하는 것도 그런 이유에서입니다.

당지수

　흔히 GI라고 불리는 당지수는 쉽게 말해, 탄수화물이 혈액으로 흡수되는 속도를 뜻합니다. 당지수가 낮은 음식은 탄수화물이 느리게 흡수되고, 당지수가 높은 음식은 탄수화물 흡수 속도가 빠르며, 이런 흡수 속도는 혈당 수치와 깊은 관련이 있습니다. 당지수가 높은 식품은 혈당을 급격하게 올려 인슐린 과부하를 불러오고 이것이 반복되면 당뇨병 등의 만성질환의 원인이 되기도 합니다.

식이섬유소는 소화되지 않는 탄수화물이므로 인슐린에 직접 영향을 주진 않지만, 탄수화물이 흡수되는 속도를 조절하는 브레이크 역할을 한다.

탄수화물에 섬유소 함량이 많을수록 다른 탄수화물이 흡수되는 속도는 느려지지만, 탄수화물에서 섬유질을 제거하면 흡수속도는 빨라진다.

섬유질 함유량

당지수

당지수가 낮은 탄수화물

탄수화물 흡수가 느려서 체중조절에 도움이 되는 식품으로 과일(바나나제외), 채소(옥수수제외)와 같이 과당과 섬유소가 풍부한 식품이 있다.

당지수가 높은 탄수화물

탄수화물이 혈액으로 빠르게 흡수되고, 췌장에서 인슐린이 급격히 분비되서 혈당으로 떨어뜨리며, 동시에 인슐린은 체내에 지방을 저장하고 저장된 지방으로 보존하라는 지시를 한다.

지나치게 많이 먹으면 비만을 초래하며, 비만체질로 유지하게 되는 경향이 있다. 이런 식품에는 모든 곡식, 녹말, 파스타 등이 있다.

왜 당지수가 다를까?

같은 탄수화물을 섭취하더라도 식후 혈당 반응이 다른 것은 당질의 종류 때문입니다. 단당류 중에서 흡수속도가 가장 느린 것은 과당이고, 가장 빠른 것은 포도당입니다. 그래서 포도당이 풍부한 빵, 파스타, 시리얼의 경우 흡수속도가 빨라서 섬유소가 풍부한 과일이나 당지수가 낮은 콩 식품 등에 비해 쉽게 배가 꺼지고 공복감을 느낄 수 있습니다. 따라서 체중 감량과 혈당 조절을 위해선 당지수가 낮은 탄수화물(과당과 식이섬유소가 많은 식품) 섭취에 신경을 써야 합니다.

* 식품별 당지수(GI)

식품 이름	당지수(GI)	1회 섭취 분량	1회섭취당 당질양(G)
대두콩	18	150	6
쥐눈이콩	42	150	30
현미밥	55	100	33
고구마	61	150	28
콘푸레이크	81	30	26
흰밥	86	150	43
떡	91	30	25
찹쌀밥	92	150	48

가공되지 않은 식품을 섭취해야 건강하다

위의 표에서 볼 수 있듯이 같은 곡물이라도 가공된 식품은 당지수가 급격히 상승합니다. 이처럼 조리 및 가공방법, 식품의 형태, 식이섬유소 함량 등 다양한 요인도 식후 혈당에 영향을 미칠 수 있는 만큼 최대한 가공되지 않은 식품을 섭취하는 것이 중요합니다.

당뇨병은 비만과 직결되는 당지수에 있다

당지수는 당뇨병과 큰 관련이 있습니다. 그 이유는 체내의 혈당을 조절하는 인슐린이라는 호르몬 때문입니다. 당지수가 높은 음식을 먹으면 혈당이 급격히 올라가 혈당을 떨어뜨리기 위해 인슐린을 다량으로 분비하고, 이것이 만성화되면 인슐린을 분비하는 췌장의 조절 능력이 망가져 만성적인 고혈당 증상이 지속되는 당뇨병이 오게 됩니다. 또한 일시적인 혈당 상승 이후 다시금 혈당이 급격히 떨어지면서 극심한 배고픔 때문에 폭식하게 될 가능성이 높습니다. 반면 당지수가 낮은 음식을 먹으면 인슐린 분비도 천천히 이루어지고 혈당이 완만하게 조절되어 과도한 식욕이 생기지 않아 식사 조절이 용이해집니다.

여기서 잠깐! : 흰밥의 유혹에서 벗어나기

한국 사람은 밥심으로 산다는 말처럼, 한국인 대부분은 칼로리의 상당 부분을 주식인 밥으로부터 얻고, 이런 고탄수화물 식습관 때문에 비만 등이 발생하기도 합니다. 이는 단백질은 근육을 만드는 데 반해, 탄수화물은 주로 에너지원으로 사용되고 쓰고 남은 탄수화물은 글리코겐이나 지방의 형태로 체내에 저장되기 때문입니다. 실로 우리는 매일 에너지의 50-70%를 흰밥의 탄수화물로부터 얻습니다. 이때 이 탄수화물을 당지수가 낮은 잡곡이나 콩류 등으로 대체하는 것만으로도 비만 예방에 큰 도움이 될 수 있습니다.

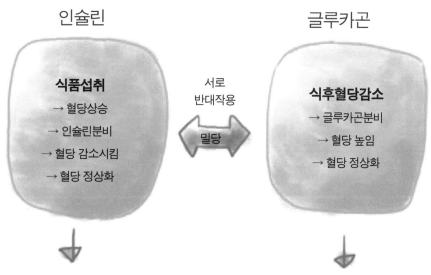

인슐린
글루카곤

식품섭취

→ 혈당상승

→ 인슐린분비

→ 혈당 감소시킴

→ 혈당 정상화

서로
반대작용

밀당

식후혈당감소

→ 글루카곤분비

→ 혈당 높임

→ 혈당 정상화

인슐린은 췌장에서 분비되는 호르몬으로, 음식을 섭취해서 우리몸에 혈당이 높아졌을 때 분비되어서 쓰고 남은 혈당을 포도당의 형태로 간과 근육에 저장한다. 따라서 인슐린이 증가하면 혈당은 떨어진다.

글루카곤은 우리 몸에 혈당이 떨어졌을 때 혈당 공급을 위해 저장기관인 간과 근육에서 포도당을 꺼내오는 역할을 한다.

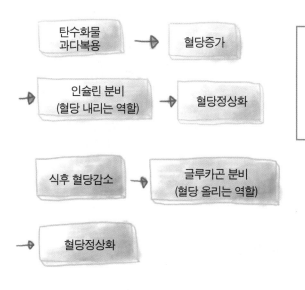

탄수화물
과다복용 → 혈당증가

인슐린 분비
(혈당 내리는 역할) → 혈당정상화

혈당이 올라가면 인슐린이 분비되어서 혈당을 적절히 내리고, 혈당이 지나치게 내려가면 글루카곤이 분비되어서 혈당을 적절히 올려서 몸의 밸런스를 맞춥니다.

식후 혈당감소 → 글루카곤 분비
(혈당 올리는 역할)

혈당정상화

2. 단백질

 단백질은 인체 구성의 약 20%를 차지하고 있는 영양소이자 인체 조직의 성장과 발달에 필요한 기본 물질로서 근육, 피, 피부, 손톱, 머리카락, 내장 기관 등을 구성하며, 지방과 탄수화물이 고갈될 경우 에너지원으로도 사용되기도 합니다. 남녀노소 모두에게 중요한 영양소이지만 특히 청소년 성장기에 반드시 필요한 영양소입니다. 주로 살코기, 생선, 달걀, 두부, 콩, 닭과 같은 식품에 풍부하게 함유되어 있습니다.

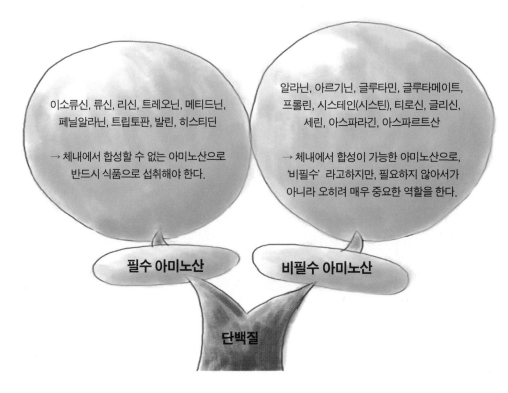

이소류신, 류신, 리신, 트레오닌, 메티드닌, 페닐알라닌, 트립토판, 발린, 히스티딘

→ 체내에서 합성할 수 없는 아미노산으로 반드시 식품으로 섭취해야 한다.

알라닌, 아르기닌, 글루타민, 글루타메이트, 프롤린, 시스테인(시스틴), 티로신, 글리신, 세린, 아스파라긴, 아스파르트산

→ 체내에서 합성이 가능한 아미노산으로, '비필수'라고하지만, 필요하지 않아서가 아니라 오히려 매우 중요한 역할을 한다.

필수 아미노산

비필수 아미노산

단백질

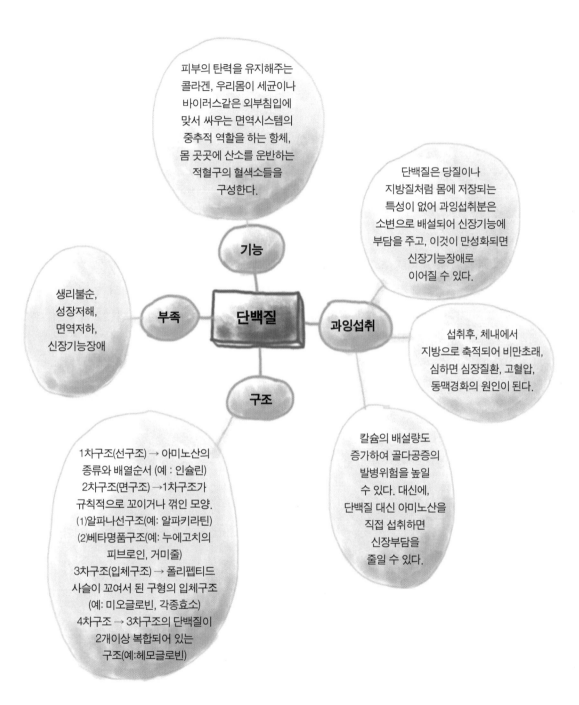

피부의 탄력을 유지해주는 콜라겐, 우리몸이 세균이나 바이러스같은 외부침입에 맞서 싸우는 면역시스템의 중추적 역할을 하는 항체, 몸 곳곳에 산소를 운반하는 적혈구의 혈색소들을 구성한다.

단백질은 당질이나 지방질처럼 몸에 저장되는 특성이 없어 과잉섭취분은 소변으로 배설되어 신장기능에 부담을 주고, 이것이 만성화되면 신장기능장애로 이어질 수 있다.

생리불순, 성장저해, 면역저하, 신장기능장애

기능

부족

단백질

과잉섭취

구조

섭취후, 체내에서 지방으로 축적되어 비만초래, 심하면 심장질환, 고혈압, 동맥경화의 원인이 된다.

칼슘의 배설량도 증가하여 골다공증의 발병위험을 높일 수 있다. 대신에, 단백질 대신 아미노산을 직접 섭취하면 신장부담을 줄일 수 있다.

1차구조(선구조) → 아미노산의 종류와 배열순서 (예 : 인슐린)
2차구조(면구조) →1차구조가 규칙적으로 꼬이거나 꺾인 모양.
(1)알파나선구조(예: 알파키라틴)
(2)베타명품구조(예: 누에고치의 피브로인, 거미줄)
3차구조(입체구조) → 폴리펩티드 사슬이 꼬여서 된 구형의 입체구조
(예: 미오글로빈, 각종효소)
4차구조 → 3차구조의 단백질이 2개이상 복합되어 있는 구조(예:헤모글로빈)

단백질의 분해 과정은 어떻게 이루어지나요?

단백질은 아미노산의 형태로 흡수되는데, 분해 흡수되기까지 총 3단계를 거칩니다.

- 위장 : '펩신' 으로 단백질을 폴리펩타이드(펩톤)으로 분해합니다.
- 소장 : 이자액 속에 있는 '트립신' 으로 또 한 번 폴리펩타이드(펩톤)로 분해됩니다.
- 대장 : 장액 속에 있는 '펩티테이스' 로 폴리펩타이드(펩톤)가 아미노산 즉, 최종산물로 분해됩니다.

단백질의 구조

단백질은 많은 수의 아미노산이 다양하게 결합해 만들어진 유기물로서 총 20종류의 아미노산으로 구성되어 있으며, 이 20종의 아미노산이 어떤 순서로 몇 개씩 연결되는지에 따라 각각의 단백질 구조가 달라지게 됩니다. 구조는 1차(펩티드결합), 2차(수소결합), 3차(수소, 이온, 황 결합), 4차(3차구조가 2개이상)로 나뉘고, 셀 수 없이 많은 펩티드 결합(아미노산들의 결합)에 의해 연결되어 있습니다.

 이거 알아요? : 필수 아미노산과 비필수 아미노산

식물의 경우는 간단한 질소화합물로부터 단백질을 합성할 수 있습니다. 그러나 인체에서 쓰이는 아미노산 중에 몇몇 개는 신체 내에서 합성이 불가능해서 반드시 식품으로부터 섭취해야만 합니다. 이런 아미노산을 필수아미노산이라고 하는데, 현재 알려져 있는 20종의 아미노산 중에 필수아미노산은 총 8종이고, 나머지 12종은 비 필수아미노산입니다.

그리고 이 아미노산들 중에 단 하나라도 빠지면 단백질이 제대로 합성될 수 없게 되는데 필수아미노산이 함유된 음식물 섭취량이 부족할 경우 문제가 생기게 됩니다.

필수 아미노산에 대해 알아봅시다

　필수 아미노산 종류에는 이소류신, 류신, 리신, 트레오닌, 트립토판, 메티드닌, 페닐알라닌, 히스티딘, 발린이 있습니다.

페닐알라닌
뇌의 신경전달물질의 구성성분으로 기억력과 주의력을 좋게 해주고, 머리를 맑게 해줌, 진통효과. 고기, 호박, 콩, 아몬드, 참깨에 많음.

히스티딘
영유아에게 필수이며, 생선류, 곡류에 많음.

발린
근육구성, 피로를 해소해주는 아로나민으로, 근력을 높여주고 정신적 안정을 줌. 고기, 버섯류, 대두, 땅콩에 많음.

이소류신
근육을 구성하는 주성분으로, 헤모글로빈을 생성하고, 신경기능을 보조하며 간기능 강화, 피로해소의 기능을 가짐. 연어, 닭고기, 쇠고기, 우유 등에 많음.

필수 아미노산

메티드닌
항산화물질의 하나로 강력해서 혈중콜레스테롤 낮춤 효과, 히스타민의 농도도 떨어뜨려 알레르기 방지. 육류, 간에 많음.

류신
근육을 구성하는 필수아미노산으로, 하루중 가장 필요한 양이 많고, 그만큼 여러 음식에 들어있는 성분이므로 골고루 섭취하면 큰문제는 없음. 간기능을 원활히 해줌. 소고기, 간, 옥수수, 햄, 치즈에 많음.

트레오닌
단백질균형유지, 지방간 예방, 간기능을 도움. 달걀, 우유에 많음.

트립토판
뇌기능을 담당하는 필수 아로나민으로 신경물질의 재료가 됨. 피로를 느끼면 뇌가 쉬도록 하고 정신기능을 안정시킴, 긴장이나 초조함 완화, 두통감소등의 기능을 가짐. 우유, 고기, 생선, 바나나, 땅콩에 많음.

리신
포도당의 대사와 간 기능을 높여 피로를 풀어주고, 항체, 호르몬, 효소의 재료가 되어 면역력을 높이고 세포재생에도 영향을 미치며, 간기능을 원활히 하고 칼슘의 흡수를 도와 골다공증 예방효과가 있음. 우유, 치즈, 달걀에 많음.

비필수 아미노산에 대해 알아봅시다

비필수 아미노산은 아르기닌, 글루타민, 프롤린, 글루타메이트, 시스테인, 티로신, 글리신, 세린, 아스파라긴, 아스파르트산, 알라닌이 있습니다.

아스파르트산
생체조직 성장과 근육과 세포재생에 필수.

아르기닌
성장호르몬 분비, 혈관을 넓혀 혈액순환에 도움, 면역력 강화, 몸에 여분의 암모니아 제거 작용

글루타민
면역기능에 중요역할, 위장이나 근육의 기능을 성공적으로 유지하기위해 작용, 지구력증가, 내장기관복원

프롤린
지방연소에 도움, 피부에 중요한 천연보습성분으로서 중요역할, 콜라겐의 주요성분, 연골과 인대를 튼튼히 해줌.

알라닌
알코올대사 개선 작용을 하고, 몸에 필요한 당분을 합성하는 재료, 지방 연소에 관여, 신진대사 촉진, 간의 해독작용

비필수 아미노산

글루타메이트
운동시 피로회복 촉진, 지능강화, 궤양의 치유작용.

아스파라긴
중추신경계에 작용해 우울증과 들뜬 기분을 뜻하는 조증예방.

세린
기억, 신경계의 기능보조, 피부보습

티로신
신경전달물질, 기분을 고양시키는 작용(우울증 예방효과), 뇌 활동 자극조절에 중요, 페닐알라닌, 트립토판과 함께 신경계 아미노산으로 불림.

시스테인
기미의 원인이 되는 멜라닌 색소의 생산 억제, 간해독작용(항산화 물질 증가시킴), 상처치유촉진에 도움, 콜라겐 생성촉진으로 피부노화억제.

글리신
다른 아미노산의 합성도움, 헤모글로빈의 재료, 보습작용, 산화작용

3. 지방

지방은 1g당 9kcal의 에너지를 가진 영양소로서 탄수화물과 더불어 대표적인 인체의 에너지원으로 인체 열량의 상당 부분을 담당합니다. 또한 피부 밑 지방층에 저장되어 체온 유지를 돕는 역할을 하며 인체 조직의 구성 성분으로 사용되기도 합니다. 이 지방은 그대로 흡수되는 것이 아니라 소장에서 이자액속에 있는 '라이페이스' 소화효소로 지방산과 글리세롤로 분해가 되어 흡수됩니다. 돼지고기, 소고기 등의 육류에는 물론 땅콩, 깨, 참기름, 옥수수기름, 치즈 등의 유제품에 많이 들어 있습니다.

체지방축적, 고혈압, 고지혈증, 동맥경화, 암 등의 성인병을 부르는 주범이 될 수 있다.

과잉섭취

지방

부족

필수지방산 및 지용성비타민의 결핍을 초래하며, 습진, 건조한 피부, 성장저해를 부를 수 있다.

지방은 3개의 지방산과 1개의 글리세롤로 이루어져있으며, 지방산은 매우 여러 종류가 존재하므로, 지방의 종류도 다양합니다. 결합한 지방산의 종류에 따라 포화지방, 불포화지방, 트랜스지방으로 나뉩니다. 포화지방은 나쁜 콜레스테롤 수치를 높여주고, 불포화지방은 좋은 콜레스테롤 수치를 높여줍니다.

필수지방산이란?

우리 몸에 꼭 필요하지만, 자체적생산이 불가능한 지방산으로, 불포화지방산의 다른 이름입니다.

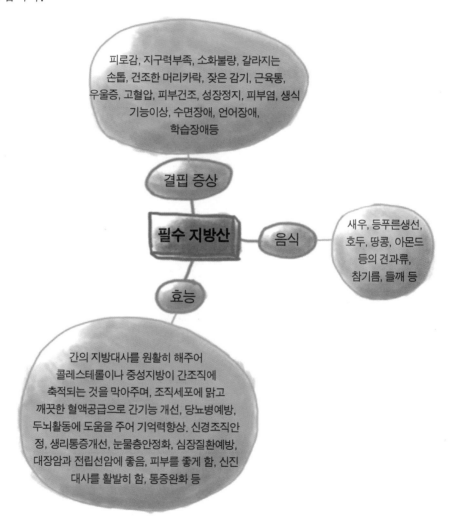

포화지방이란?

지방산 화학구조에 이중결합이 없어 일직선의 긴 사슬모양을 하고 있는 지방입니다. 주로 동물성지방에 많고, 상온에서는 고체형태를 띄고 있지만, 어유는 포화지방보다 많아 액체 상태입니다.

딱딱하게 굳는 성질이 있어서 상온에서 도 고체형상을 하고 있다. 인체 내에 들어와서도 잘 녹지 않고, 세포벽에 흡착되기 쉬워 건강에 영향을 미치기 쉽다. 융해점이 높아 불포화지방에 비해 쉽게 상하지 않는다.

버터, 돼지고기, 소고기 등의 동물성지방, 팜유, 코코넛유 등이 있다.

성질

음식 포화 지방 역할

과다섭취

체온유지, 외부의 충격으로부터 우리 몸을 보호하는 역할을 한다.

지방간위험을 높이고, 혈중콜레스테롤과 중성지방을 증가시켜 심혈관계 질환과 비만을 유발한다. 또, 포화지방이 혈관에 쌓여 뇌의 혈관이 막히면 뇌졸중으로 발전하고, 심장에 있는 관상동맥이 막히면 심근경색이 된다.

불포화지방이란?

지방산 화학구조에 이중결합이 하나 이상이고 꺽인 ㄱ자 모양을 하고 있습니다. 상온에서 액체 상태를 유지하며, 체내에서 합성이 불가능하여 반드시 외부로부터 섭취해야 한다는 점에서 필수지방산이라고도 합니다. 또, 뇌, 신경세포, 망막등을 이루며, 뇌세포의 생화학반응에도 관여하는 물질입니다.

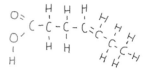

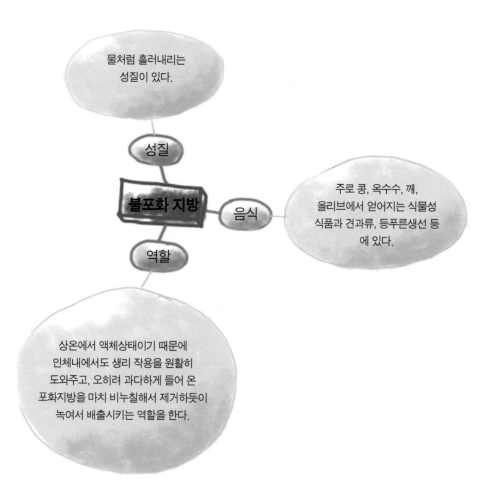

트랜스지방이란?

　불포화지방인 식물성기름을 가공할 때 수소를 첨가하는 과정에서 생산된 지방산입니다. 식물성기름을 단단한 고체로 만드는 가공과정에서 식물성기름의 불포화지방이 ㄱ자 모양에서 ㅡ자 모양으로 바뀐 것입니다. 그리고 이 트랜스지방은 트랜스지방산(트랜스형 분자구조의 불포화지방산)과 글리세롤이 결합된 것으로, 주로 인위적으로 만든 가공유지를 이용하여 조리된 가공식품을 통해 체내에 섭취됩니다. 트랜스지방은 일반지방을 조리할 때 고열을 가하는 것에 의해 지방질의 성질이 변화된 것으로 인체에 아주 해롭습니다.

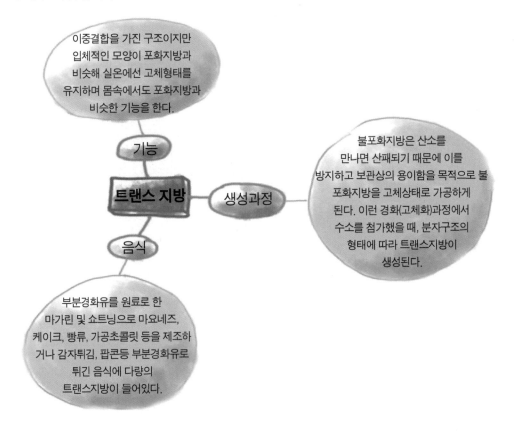

이중결합을 가진 구조이지만 입체적인 모양이 포화지방과 비슷해 실온에선 고체형태를 유지하며 몸속에서도 포화지방과 비슷한 기능을 한다.

기능

트랜스 지방

생성과정

불포화지방은 산소를 만나면 산패되기 때문에 이를 방지하고 보관상의 용이함을 목적으로 불포화지방을 고체상태로 가공하게 된다. 이런 경화(고체화)과정에서 수소를 첨가했을 때, 분자구조의 형태에 따라 트랜스지방이 생성된다.

음식

부분경화유를 원료로 한 마가린 및 쇼트닝으로 마요네즈, 케이크, 빵류, 가공초콜릿 등을 제조하거나 감자튀김, 팝콘등 부분경화유로 튀긴 음식에 다량의 트랜스지방이 들어있다.

콜레스테롤은?

콜레스테롤은 우리 몸에 꼭 필요한 성분을 만드는 재료로 쓰이며, 특히 뇌와 신경에 많습니다. 우리 몸에서 만들어지기도 하며 식품을 통해 섭취할 수도 있습니다.

좋은 콜레스테롤(HDL) : 혈관을 청소하여 심장병이 적게 걸리게 해준다.

나쁜 콜레스테롤(LDL) : 혈관을 좁게 만들어 심장병에 잘 걸리게 한다.

 꼭 기억해요

불포화지방은 혈관을 청소하는 좋은 콜레스테롤 수치를 높여주므로 심장병에 적게 걸리게 하지만, 포화지방은 혈관을 좁게 만들어 나쁜 콜레스테롤의 수치를 높여 심장병에 잘 걸리게 한다.

그렇지만, 포화지방과 불포화지방은 모두 우리 몸에 꼭 필요하기 때문에 적절히 조절하여 섭취하는 것도 중요하다.

균형 잡힌 섭취가 관건이다

지나친 지방 섭취는 다양한 현대병의 원인으로 지목 받고 있습니다. 그렇다고 지방 섭취를 극도로 제한하는 것은 영양 불균형을 불러오는 원인이 되기도 합니다. 반드시 음식물을 통해야만 얻을 수 있는 필수지방산을 공급 받으려면 적절한 지방 섭취가 필요하기 때문입니다. 또한 지방은 음식의 맛과도 깊은 관계가 있는 만큼 지나치게 지방을 제한하면 맛을 제대로 내기 어려워집니다. 따라서 지방은 과도한 섭취는 반드시 피하되 권장량을 염두에 두고 적절히 섭취하는 균형이 가장 중요합니다.

 이거 알아요? : 좋은 지방과 나쁜 지방은

각각의 지방은 3개의 지방산과 1개의 글리세롤이 결합되어 이루어진 형태로서, 섭취 시 각각 분해되어 흡수됩니다. 이때 지방들은 어떤 지방산과 결합하는가에 따라 포화지방, 불포화지방, 트랜스지방으로 나뉩니다. 일반적으로 포화지방과 트랜스지방은 나쁜 콜레스테롤 수치를 높여주고, 불포화지방은 좋은 콜레스테롤 수치를 높여줍니다.

4장 영양소(물, 미네랄, 비타민)구성 물질이 뭐예요?

1. 물

 물은 인체의 66~70%에 달하는 가장 중요한 구성하는 물질로서 인체 내 혈액 생성과 순환, 신경 전달, 순환과 대사, 체온 조절 등에 결정적인 영향을 미치지만 그 중요성이 간과되어 왔습니다. 실제로 인간이 음식을 먹지 않고 견딜 수 있는 기간은 대략 2-3주 정도지만, 물을 섭취하지 않고는 100시간도 견딜 수 없으며, 탈수가 5%만 진행되어도 대부분은 혼수상태에 빠지게 됩니다. 다시 말해 우리 몸은 물로 가득 차 있는 미세한 세포의 물주머니가 서로 조밀하게 연결되어 있는 형태입니다.

하루에 어느 정도 물을 마셔야 할까?
보통 1일 6~8잔(1.5L)이상의 물을 마시는 것이 바람직하며, 운동 시에는 2~3컵 정도 더 마시는 것을 권합니다.

물만 잘 마셔도 건강하다
1955년 세계보건기구(WHO)에서는 "깨끗한 물은 건강을 증진시킨다(Clean water Means better Health)."라는 구호를 내세웠습니다. 좋은 물을 충분하게 마시는 습관으로 각종 성인병의 예방과 세포의 노화를 방지할 수 있다는 것입니다.

전 세계를 통틀어 100세 이상의 장수 노인이 많은 세 지역인 네팔 북쪽 티베트 근처의 훈자, 구소련 변방의 코카서스의 아브하지야, 중미 에콰도르의 발카밤바도 고산지대의 깨끗한 공기와 맑은 물이 장수의 비결로 알려져 있습니다. 또한 장수 나라라고 알려진

일본의 경우, 물의 차이가 건강의 차이를 나타낸다는 것을 보여줍니다. 물이 깨끗한 오키나와 현, 나가노 현, 시즈오카 현은 대표적인 장수 지역인 반면, 맛없고 수질 나쁜 물을 먹는 후쿠오카 현은 남녀 모두에서 암 환자 비율 1위라는 오명을 얻었습니다.

물, 다이어트에 중요한 역할을 한다

특히 물은 다이어트를 할 때 노폐물의 배설을 도우며 공복감과 변비를 해소하는 데 중요한 역할을 하는 만큼 다이어트 시에는 물 섭취에 더더욱 주의를 기울여야 합니다.

 여기서 잠깐! : 좋은 물이란 무엇인가?

그렇다면 좋은 물이란 무엇일까요? 첫째, 염소 소독과 같은 화학처리를 하지 않은 물이어야 하며, 둘째 부유물과 세균 등이 없는 물이어야 합니다. 나아가 건강한 물이란 단순히 깨끗한 것을 넘어 생명의 힘인 미네랄이 풍부한 알칼리수여야 합니다. 토양이나 식품, 체질의 경우도 산성 토양, 산성 식품, 산성 체질은 건강하지 않은 반면, 알칼리 토양, 알칼리 식품, 알칼리 체질을 건강하다고 말합니다. 이 알칼리란 태양 에너지로부터 생성된 미네랄이 파괴되지 않고 고스란히 담겨 있는 상태를 말합니다.

2. 미네랄

미네랄이란 신체의 성장유지, 체내의 여러 생리기능 조절 및 유지, 신경자극의 전달, 근육수축, 각종 영양소의 생성과 기능 등 15만여 가지의 기능을 담당하는 영양물질을 말합니다.

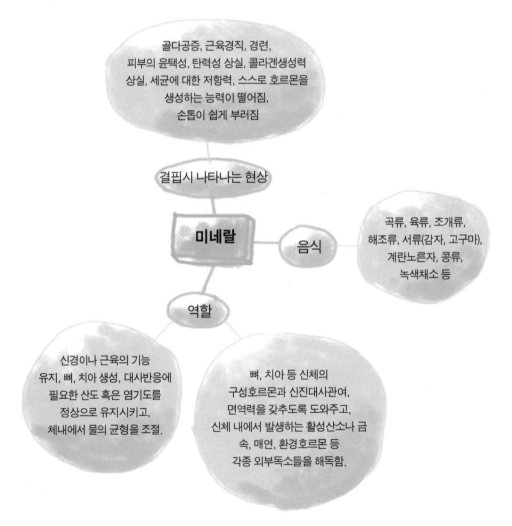

골다공증, 근육경직, 경련, 피부의 윤택성, 탄력성 상실, 콜라겐생성력 상실, 세균에 대한 저항력, 스스로 호르몬을 생성하는 능력이 떨어짐, 손톱이 쉽게 부러짐

결핍시 나타나는 현상

미네랄

음식

곡류, 육류, 조개류, 해조류, 서류(감자, 고구마), 계란노른자, 콩류, 녹색채소 등

역할

신경이나 근육의 기능 유지, 뼈, 치아 생성, 대사반응에 필요한 산도 혹은 염기도를 정상으로 유지시키고, 체내에서 물의 균형을 조절.

뼈, 치아 등 신체의 구성호르몬과 신진대사관여, 면역력을 갖추도록 도와주고, 신체 내에서 발생하는 활성산소나 금속, 매연, 환경호르몬 등 각종 외부독소들을 해독함.

미네랄의 종류와 역할

미네랄은 그 종류도 다양해서 그 수가 약 90여 가지에 이르는데, 다량으로 요구되는 필수 미네랄은 나트륨(Na), 칼슘(Ca), 인(P), 마그네슘(Mg), 칼륨(K), 유황(S), 염소(Cl) 등이며, 망간(Mn), 코발트(Co), 요오드(I), 붕소(B), 게르마늄(Ge), 리튬(Li), 질소(Ni), 몰리브텐(Mo), 바나디움(V), 규소(Si), 스트론튬(Sr), 주석(Sn), 불소(F), 치탄(Ti), 루비듐(Rb), 바륨(Ba), 텅스텐(W), 알루미늄(Al), 철(Fe), 아연(Zn), 구리(Cu), 셀레늄(Se), 크롬(Cr), 니켈(N i), 풀루오르(F) 등도 우리 몸이 꼭 필요로 하는 영양소입니다.

미네랄 종류

미네랄 종류	체내 기능
규소(Si),칼슘(Ca),마그네슘(Mg),칼륨(K),철(Fe),망간(Mn),나트륨(Na),인(P), 아연(Zn),유황(S)	· 신체 성장 촉진　· 신진대사 활성화 · 세포 재생　　　· 세포노화 방지 및 치료
규소(Si),칼슘(Ca),칼륨(K),철(Fe),아연(Zn), 나트륨(Na),칼륨(K)	· 위장 강화 · 영양 섭취
규소(Si),칼슘(Ca),망간(Mn),인(P),아연(Zn)	· 골격 및 치아 건강 유지
칼슘(Ca),철(Fe),아연(Zn),구리(Cu))	· 소염 작용, 저항력 부여
칼륨(K)	· 장기 건강과 보존　· 시력 감퇴 방지
요오드(I)	· 갑상선 기능 조절
칼륨(K),망간(Mn),철(Fe),아연(Zn),치탄(Ti),인(P), 마그네슘(Mg),구리(Cu),칼슘(Ca)	· 피를 만드는 조혈　· 출혈 방지 · 말초혈관 강화　　· 동맥경화 예방 및 치료 · 심장 강화, 혈압 조절

아연(Zn),망간(Mn),마그네슘(Mg),구리(Cu)	· 생식기능 활성 · 호르몬 조절로 불임 및 불감증 해소
칼륨(K),철(Fe),망간(Mn),치탄(Ti),칼슘(Ca)	· 신경 세포 강화 · 노화 방지 · 신경통 및 신경마비 예방과 치료
유황(Si),칼슘(Ca),마그네슘(Mg),칼륨(K), 철(Fe)	· 피부 점막 및 모발 보호 · 피부 건강 유지
칼슘(Ca),철(Fe),인(P),마그네슘(Mg)	· 탄력 있는 근육 생성 · 체형 조절과 균형 유지
칼슘(Ca),마그네슘(Mg),칼륨(K),철(Fe), 아연(Zn), 망간(Mn),나트륨(Na)	· 간장, 신장, 췌장 기능 강화 · 체내 해독, 배설 · 당분과 신체 조절
아연(Zn), 철(Fe), 망간(Mn),마그네슘(Mg),구리(Cu), 나트륨(Na),칼륨(K)	· 인체효소 생성 및 조절 · 혈색소 기능 조절 · 탄수화물 이화 작용

 ## 알고 있나요 : 미네랄 부족이 질병을 불러온다

미네랄은 우리 몸의 약 4%를 차지하는 영양소입니다. 인체는 수분, 단백질, 지방, 탄수화물, 무기질(미네랄)로 이루어져 있는데, 이 중 96%가 다른 구성 성분으로 채워지고 미네랄이 차지하는 비율은 4%에 불과합니다. 그런데 적은 양이지만 이 4%에 아주 중요한 비밀이 숨겨져 있습니다. 만일 이 미네랄이 부족해지면 다른 주요 영양소들인 단백질, 지질, 탄수화물, 비타민 등이 체내에서 제대로 작동할 수 없다는 점입니다. 즉 미네랄은 다른 주요 영양소들이 체내에서 화학작용을 통해 잘 흡수되고 몸을 구성하도록 도움으로써 모든 영양소들의 중간 다리 역할을 하며, 따라서 미네랄이 부족해지면 이 영양소들이 제대로 작동하지 못함으로써 인체 균형이 와해되어 골다공증, 근육경직, 경련, 피부 거칠어짐, 콜라겐 생성력 상실, 세균 저항력 저하, 호르몬을 생성 능력 저하 등 다양한 질병을 불러오게 됩니다.

칼슘(CALCIUM)이란?

칼슘이 우리 뼈와 치아를 구성하는 중요한 미네랄이라는 것은 대부분의 사람들이 아는 사실입니다. 칼슘은 그 외에도 신경 근육 자극 촉진과 근 수축 조절 등 다양한 역할을 담당하는 중요한 미네랄로서 우리 몸의 신경 세포에도 중요한 영향을 미칩니다. 우리가 통증이나 추위 등을 느끼는 것은 모두 신경세포의 정보 전달 덕입니다. 이처럼 중요한 미네랄인 만큼 칼슘 섭취는 성장기 어린이 외에 영양학적으로 어른들에게도 매우 중요합니다.

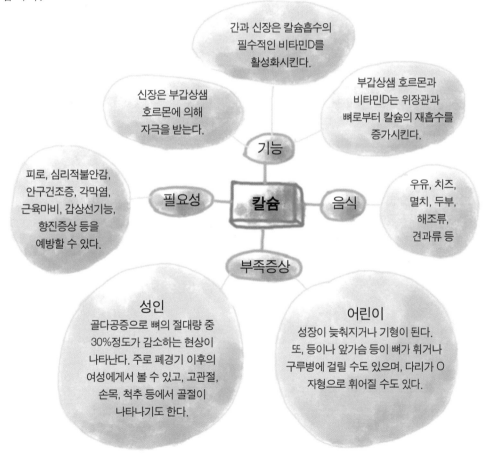

간과 신장은 칼슘흡수의 필수적인 비타민D를 활성화시킨다.

신장은 부갑상샘 호르몬에 의해 자극을 받는다.

부갑상샘 호르몬과 비타민D는 위장관과 뼈로부터 칼슘의 재흡수를 증가시킨다.

피로, 심리적불안감, 안구건조증, 각막염, 근육마비, 갑상선기능, 항진증상 등을 예방할 수 있다.

기능

필요성

칼슘

음식

우유, 치즈, 멸치, 두부, 해조류, 견과류 등

부족증상

성인
골다공증으로 뼈의 절대량 중 30%정도가 감소하는 현상이 나타난다. 주로 폐경기 이후의 여성에게서 볼 수 있고, 고관절, 손목, 척추 등에서 골절이 나타나기도 한다.

어린이
성장이 늦춰지거나 기형이 된다. 또, 등이나 앞가슴 등이 뼈가 휘거나 구루병에 걸릴 수도 있으며, 다리가 O자형으로 휘어질 수도 있다.

칼슘이 암을 막는다

칼슘은 대장암과 자궁내막 암과도 관련이 있습니다. 미국에서 진행된 연구에 의하면 적정량의 칼슘을 꾸준히 섭취하면 대장암과 자궁내막 암의 발병률을 낮춘다고 합니다. 이는 칼슘이 세포를 망가뜨리는 유해물질과 단단하게 결합해 방출함으로써 세포의 손상을 막기 때문입니다.

 여기서 잠깐! : 과다 섭취는 금물

칼슘은 지나치게 섭취하면 동맥경화, 고혈압, 신장 결석을 일으키고 철과 마그네슘 아연의 흡수를 방해하게 되므로 치료 목적이 아니라면 평소에 적절히 섭취하는 것이 가장 좋습니다.

셀레늄(SELENIUM)이란?

셀레늄은 우리 몸의 세포를 형성하는 데 없어선 안 될 미네랄 성분으로, 우리 몸에서 토코페롤이라 불리는 비타민 E와 비슷한 작용을 하는 것으로 알려져 있습니다. 비타민 E와 마찬가지로 항산화 작용을 해서 체내 독성을 제거하기 때문입니다. 나아가 셀레늄은 우리 몸의 독소를 배출시키거나 그 독성을 줄여주는 해독작용도 합니다. 한 예로 바다에서 사는 돌고래의 경우 체내에 상당량의 수은을 축적하고 있음에도 체내에 풍부하게 저장되어 있는 셀레늄 덕분에 수은 중독을 이겨낼 수 있다고 합니다.

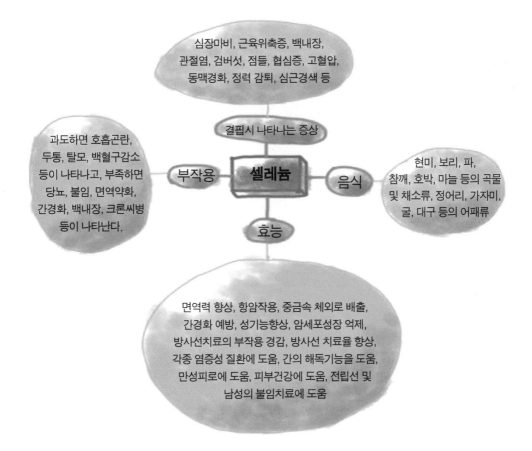

심장마비, 근육위축증, 백내장, 관절염, 검버섯, 점들, 협심증, 고혈압, 동맥경화, 정력 감퇴, 심근경색 등

결핍시 나타나는 증상

과도하면 호흡곤란, 두통, 탈모, 백혈구감소 등이 나타나고, 부족하면 당뇨, 불임, 면역약화, 간경화, 백내장, 크론씨병 등이 나타난다.

부작용

셀레늄

음식

현미, 보리, 파, 참깨, 호박, 마늘 등의 곡물 및 채소류, 정어리, 가자미, 굴, 대구 등의 어패류

효능

면역력 향상, 항암작용, 중금속 체외로 배출, 간경화 예방, 성기능향상, 암세포성장 억제, 방사선치료의 부작용 경감, 방사선 치료율 향상, 각종 염증성 질환에 도움, 간의 해독기능을 도움, 만성피로에 도움, 피부건강에 도움, 전립선 및 남성의 불임치료에 도움

활성산소란?

활성산소란 대사 작용과 호흡 등의 과정에서 체내에 자연스럽게 생겨나는 독성 물질로, 적절하게 제거되지 않으면 노화를 가속시키고 각종 성인병을 불러오는 과잉산소를 말합니다. 만일 우리 몸의 셀레늄 양이 부족해지면 항산화 작용이 부족해져 활성산소가 증가하면서 노화가 급속도로 시작되고, 이로 인한 면역 기능의 약화로 각종 질병 가능성이 증가하게 됩니다.

셀레늄이 풍부한 음식은?

백미와 현미, 아몬드, 김, 미역과 다시마, 꽁치, 굴, 모시조개, 소의 간, 달걀 노른자 등

 여기서 잠깐! : 과다 섭취는 금물

셀레늄을 과잉 섭취할 경우도 문제입니다. 셀레늄의 체내 농도가 지나치게 높아질 경우 피로감과 탈모, 구토, 말초신경장애 등이 발생할 수 있지만 대부분은 보충제의 과다 섭취 등으로 발생할 뿐, 우리가 일상적으로 섭취하는 음식만으로는 쉽게 과잉되지 않습니다.

마그네슘(MAGNESIUM)이란?

마그네슘은 칼슘과 더불어 인체의 뼈와 치아의 주요한 구성성분입니다. 우리 몸의 마그네슘은 60%가 뼈와 치아로 가고, 30%는 근육으로, 나머지 9%는 세포, 1%는 세포외액에 사용됩니다. 특히 세포 내 마그네슘은 300종 이상의 효소의 활동을 책임지고 보조 효소 역할을 담당해서, 당질과 지질의 대사작용에 필요한 효소들을 활성화시키는 역할을 하게 됩니다. 또한 세포 내외의 칼륨 이온, 나트륨 이온, 칼슘 이온의 농도를 조절하고 근육 수축과 신경 자극 전달에도 관여합니다.

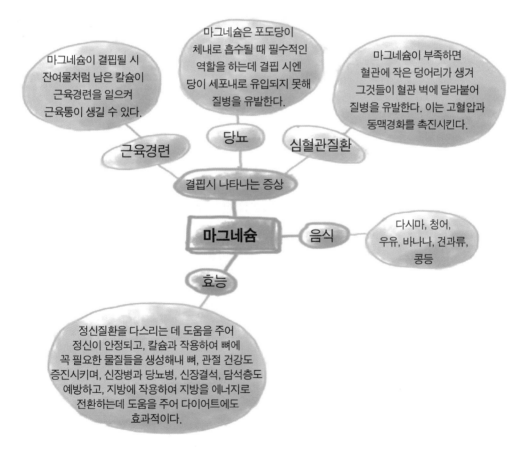

스트레스와 마그네슘

스트레스를 많이 받으면 마그네슘이 빨리 소모된다고 합니다. 마그네슘이 부족하게 될 경우 우울, 불안, 짜증 등의 증상이 심해지며 눈꺼풀이 떨리거나 안검경련증상이 나타나고, 근육에 경련이 자주 일어나니 마그네슘이 풍부한 음식을 챙겨먹는 것이 좋습니다.

영양소 상식 : 뼈 건강과 마그네슘

또한 마그네슘이 부족해지면 뼈 속의 마그네슘을 꺼내 쓰게 되어 뼈가 약해지고, 마그네슘 방출 시에 함께 방출되는 칼슘의 세포 침입으로 세포 기능이 저하됩니다.

아연(ZINC)이란?

아연은 단백질과 뼈는 물론 뇌와 신체의 발육에 중요한 역할을 합니다. 아연은 약 60%가 근육에 저장되고 약 25%가 뼈에 저장되는데, 이 아연이 신체 성장에 작동하는 분야는 다양합니다. 단백질을 합성하는 것은 물론, 세포분열을 촉진하고, 상처 난 조직을 복구하고, 나아가 인체의 면역 기능을 활성화시키고 활성산소를 제거함으로써 노화와 질병을 예방하고, 인슐린의 합성과 저장 기능에 영향을 미쳐 혈당을 조절하는 역할 또한 합니다.

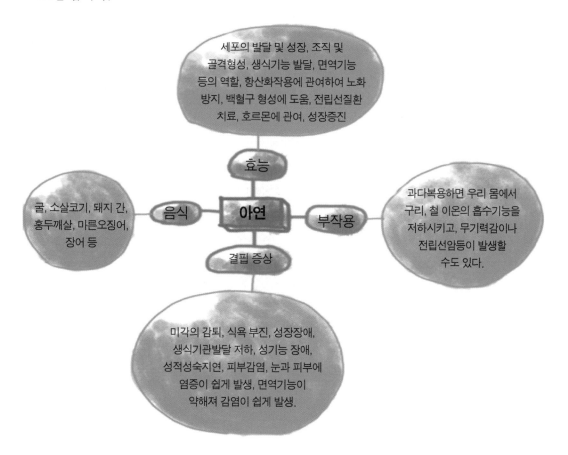

세포의 발달 및 성장, 조직 및 골격형성, 생식기능 발달, 면역기능 등의 역할, 항산화작용에 관여하여 노화 방지, 백혈구 형성에 도움, 전립선질환 치료, 호르몬에 관여, 성장증진

효능

음식

굴, 소살코기, 돼지 간, 홍두깨살, 마른오징어, 장어 등

아연

부작용

과다복용하면 우리 몸에서 구리, 철 이온의 흡수기능을 저하시키고, 무기력감이나 전립선암등이 발생할 수도 있다.

결핍 증상

미각의 감퇴, 식욕 부진, 성장장애, 생식기관발달 저하, 성기능 장애, 성적성숙지연, 피부감염, 눈과 피부에 염증이 쉽게 발생, 면역기능이 약해져 감염이 쉽게 발생.

아연과 SOD

아연은 대표적인 체내 항산화 효소인 SOD의 생성에 영향을 미칩니다. 다음은 미네랄을 통해 생성되는 체내 항산화 효소들입니다.

종류	역할	관여물질
SOD	O2- 제거	구리, 아연, 망간으로부터 생성
CAT	O2H2 제거	철이 조효소로 작용
GPX	H2O2 제거	셀레늄이 조효소로 작용

 영양소 상식 : 카사노바의 미네랄, 아연

카사노바가 즐겨먹는 음식으로 알려진 굴은 특히 아연이 풍부한 음식입니다. 굴 등에 많이 포함된 아연은 정자와 남성 호르몬 생성에 도움을 주며, 이 때문에 성 미네랄이라고 불리기도 합니다. 만일 아연이 부족해지면 정액과 정자가 감소하고, 남성 호르몬이 부족해져 발기부전, 전립선 비대 등을 겪을 수 있습니다. 여성도 아연 부족을 장기적으로 겪게 되면 호르몬 생성에 문제가 생기고 생리불순 등을 겪을 수 있습니다.

철(Fe)이란?

철은 우리 혈액의 가장 주요한 구성 성분으로서 몸 구석구석으로 산소를 운반하는 중요한 역할을 담당합니다. 이외에도 철은 우리 몸의 활성산소를 제거하고 면역력을 키워 노화와 질병을 예방하는 기능도 합니다. 따라서 철이 부족해지면 활성산소 양이 증가해 세포의 노화가 촉진될 뿐 아니라 체내에 침투한 바이러스를 먹어치우는 백혈구의 살균 기능이 저하되어 질병에 걸릴 위험이 높아지게 됩니다.

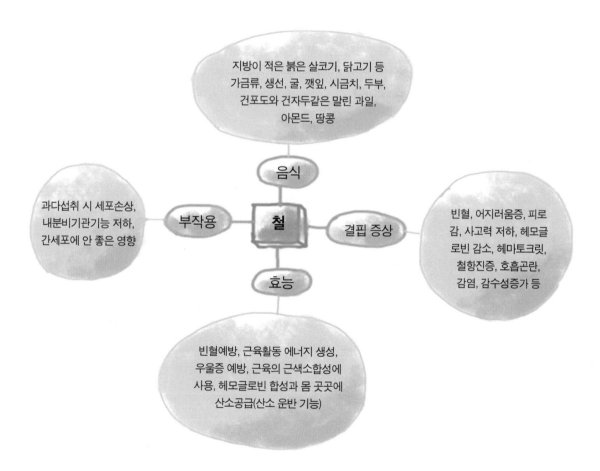

지방이 적은 붉은 살코기, 닭고기 등 가금류, 생선, 굴, 깻잎, 시금치, 두부, 건포도와 건자두같은 말린 과일, 아몬드, 땅콩

음식

과다섭취 시 세포손상, 내분비기관기능 저하, 간세포에 안 좋은 영향

부작용

철

결핍 증상

빈혈, 어지러움증, 피로감, 사고력 저하, 헤모글로빈 감소, 헤마토크릿, 철항진증, 호흡곤란, 감염, 감수성증가 등

효능

빈혈예방, 근육활동 에너지 생성, 우울증 예방, 근육의 근색소합성에 사용, 헤모글로빈 합성과 몸 곳곳에 산소공급(산소 운반 기능)

빈혈과 철

우리 혈액에는 *헤모글로빈이라는 단백질이 있는데 철이 바로 이 헤모글로빈을 구성하는 성분이며, 헤모글로빈은 일단 형성되면 약 4개월 동안 산소 운반책으로 활동하다가 수명이 다하면 분해되게 됩니다. 즉 빈혈이란 이 철이 부족해져 산소 공급이 원활히되지 않는 증상인 것이지요.

가장 부족해지기 쉬운 미네랄

철은 가장 쉽게 부족해질 수 있는 미네랄로서 성장기 아이들, 여성들, 임산부 등이 특히 철 부족의 위험이 높습니다. 이는 우리가 섭취한 철의 약 10% 정도만이 흡수가 가능하고, 나머지는 그대로 배출되기 때문입니다. 그럼에도 극심한 철 부족을 겪지 않는 것은 자칫 크게 부족해질 수 있는 철을 간과 비장이 비축하고 있기 때문이나 여성들의 월경이나 출혈 등으로 많은 철이 소실되면 철 부족이 일어날 수 있습니다.

 이거 알아요? : 과다 섭취는 금물

정제된 보충제 등으로 과다 섭취할 경우에도 구토와 설사, 심할 경우 혼수상태를 유발할 수 있는 만큼 적정량 섭취에 특히 주의를 기울여야 하는 미네랄입니다.

용어 알아보기

*헤모글로빈 : 헤모글로빈은 적혈구에서 산소를 운반하는 단백질이다. 붉은색을 띠며, 철을 포함한다. 헤모글로빈은 산소가 많은 곳 폐에서는 산소와 잘 결합하고, 산소가 적은 곳에서는 붙어 있던 산소를 쉽게 떼어 내는 성질이 있다. 분자식은 $C_{3032}H_{4816}O_{872}N_{780}S_8Fe_4$이다. 분자식에서 설명한 것처럼 철 원자가 4개 포함되어 있기 때문에 철이 부족하면 헤모글로빈을 잘 만들 수가 없게 되어 빈혈이 일어나게 된다.

출처: 위키백과

요오드/아이오딘(IODINE)이란?

　요오드는 갑상샘에서 분비되는 호르몬인 티록신과 삼요오드티로닌의 구성성분으로, 정상적인 갑상샘 기능을 유지하는 데 필수적인 무기질이며, 해초 등에 많이 들어있습니다. 건강한 성인의 몸에는 15~20mg의 요오드가 들어있으며, 이 가운데 70~80 %가 갑상선에 존재합니다. 즉, 요오드는 갑상선 호르몬의 성분으로 신진대사를 조절하고, 성장기의 발육을 촉진하는 중요한 미네랄입니다.

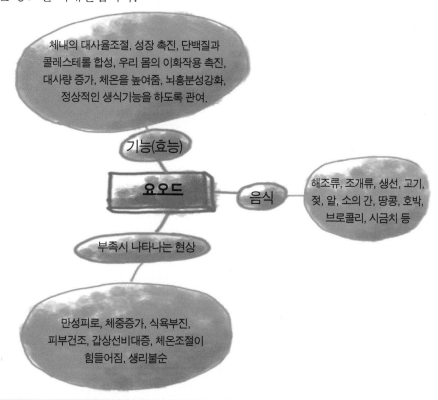

체내의 대사율조절, 성장 촉진, 단백질과 콜레스테롤 합성, 우리 몸의 이화작용 촉진, 대사량 증가, 체온을 높여줌, 뇌흥분성강화, 정상적인 생식기능을 하도록 관여.

기능(효능)

요오드

음식

해조류, 조개류, 생선, 고기, 젖, 알, 소의 간, 땅콩, 호박, 브로콜리, 시금치 등

부족시 나타나는 현상

만성피로, 체중증가, 식욕부진, 피부건조, 갑상선비대증, 체온조절이 힘들어짐, 생리불순

이거 알아요! : 소금과 요오드
바다와 접하지 않은 지역에 사는 사람들은 요오드 결핍증(갑상선 기능 장애)이 자주 발생하므로 소금에 요오드를 첨가하여 요오드 부족을 막기도 합니다.

구리(Cu)란?

구리는 일종의 효소 형태로 인체 내에 존재하며, 주로 간이나 뇌, 신장, 심장에 저장됩니다. 구리의 대표적인 기능은 적혈구와 백혈구의 구성 요소이자 철의 흡수를 도와 헤모글로빈의 철분 흡수와 이동 등에 긴밀히 관여한다고 알려져 있습니다. 또한 인체의 주요 효소를 포함한 많은 단백질들의 필수 구성 성분으로서 매우 중요한 역할을 합니다.

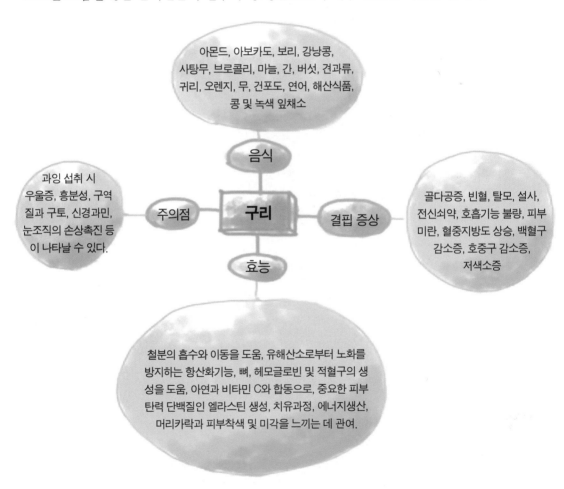

아몬드, 아보카도, 보리, 강낭콩, 사탕무, 브로콜리, 마늘, 간, 버섯, 견과류, 귀리, 오렌지, 무, 건포도, 연어, 해산식품, 콩 및 녹색 잎채소

음식

과잉 섭취 시 우울증, 흥분성, 구역질과 구토, 신경과민, 눈조직의 손상촉진 등이 나타날 수 있다.

주의점

구리

결핍 증상

골다공증, 빈혈, 탈모, 설사, 전신쇠약, 호흡기능 불량, 피부미란, 혈중지방도 상승, 백혈구 감소증, 호중구 감소증, 저색소증

효능

철분의 흡수와 이동을 도움, 유해산소로부터 노화를 방지하는 항산화기능, 뼈, 헤모글로빈 및 적혈구의 생성을 도움, 아연과 비타민 C와 합동으로, 중요한 피부 탄력 단백질인 엘라스틴 생성, 치유과정, 에너지생산, 머리카락과 피부착색 및 미각을 느끼는 데 관여.

뼈 건강과 구리

구리는 뼈의 건강과도 밀접한 연관이 있습니다. 구리 섭취량이 부족해지면 뼈가 약해지는데, 이는 구리가 뼈의 세포를 강하게 결합해주는 접착제 역할을 하기 때문입니다. 따라서 구리가 부족해지면 뼈세포들의 결합이 느슨해지고 약해져 연골이 늘어나거나 조밀도가 떨어지게 됩니다.

구리가 젊음을 유지해준다

구리가 가진 또 하나의 기능은 인체의 항산화 기능입니다. 인체의 대표적인 항산화 효소는 이른바 SOD라고 불리는 *슈퍼옥사이드 디스뮤테이즈(superoxide dismutase, SOD)인데, 이 효소는 인체를 활성산소를 비롯해 독소를 품은 물질로부터 보호하는 기능이 있습니다. 구리는 이 SOD 효소를 생성하기 위해 반드시 필요한 구성 성분입니다.

 알고 있나요? : 아연이 구리 부족을 부른다

음식으로 섭취된 구리는 약 10~55%가 흡수되며 구리는 식사로 많이 섭취할수록 그 흡수율도 높아집니다. 섭취 방법도 쉽고 흡수율도 좋아 구리 결핍증은 매우 드문 편입니다. 하지만 자칫 아연 보충제를 지나치게 섭취할 경우 구리 결핍증이 발생할 수 있는 만큼 주의를 기울여야 합니다.

용어 알아보기

*슈퍼옥사이드 디스뮤테이즈: 초과산화이온을 산소와 과산화수소로 바꿔 주는 불균등화 반응을 촉매하는 효소이다. 산소에 노출되는 거의 모든 세포에서 항산화방어기작을 하는 것으로 알려져 있다.

출처: 네이버 지식백과

망간/망가니즈(MANGANESE, Mn)란?

망간은 이른바 '정신 무기질' 이라고 불립니다. 이는 망간이 중추신경계의 정상적 기능에 중요한 역할을 하기 때문입니다. 망간은 신체 내에 골고루 분포되어 있지만 특히 골격, 간, 신장 등에 다량 존재하며 그중에서도 25%는 골격에 존재합니다.

다만 망간은 다량 섭취 시 담즙을 통해 대변으로 배출되고, 소변으로 배설되는 양은 매우 적습니다. 따라서 담즙 배설이 어른에 비해 상대적으로 적은 신생아나 간질환자의 경우 간독성의 위험이 있습니다.

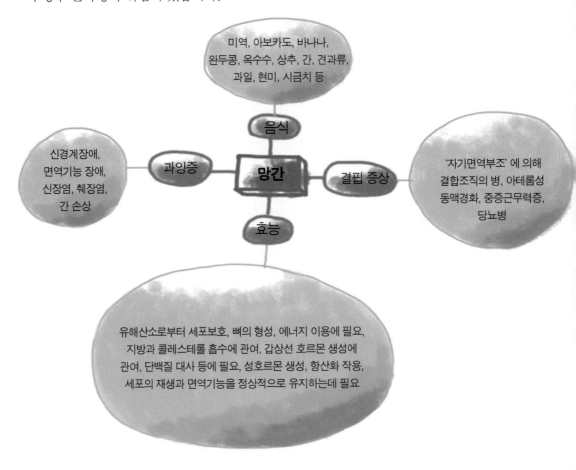

미역, 아보카도, 바나나, 완두콩, 옥수수, 상추, 간, 견과류, 과일, 현미, 시금치 등

음식

신경계장애, 면역기능 장애, 신장염, 췌장염, 간 손상

과잉증

망간

결핍 증상

'자기면역부조' 에 의해 결합조직의 병, 아테롬성 동맥경화, 중증근무력증, 당뇨병

효능

유해산소로부터 세포보호, 뼈의 형성, 에너지 이용에 필요, 지방과 콜레스테롤 흡수에 관여, 갑상선 호르몬 생성에 관여, 단백질 대사 등에 필요, 성호르몬 생성, 항산화 작용, 세포의 재생과 면역기능을 정상적으로 유지하는데 필요

임산부와 망간

망간은 크롬과 함께 태아가 정상적인 골격 성장과 발달에 꼭 필요한 영양소입니다. 망간이 부족하게 되면 아이의 성장 발육과 관절 형성에 장애가 생길 수 있는 만큼 임산부라면 주의를 기울여 망간이 풍부한 음식을 섭취할 필요가 있습니다.

사랑을 부르는 미네랄

망간은 흔히 '사랑 미네랄'이라고도 불립니다. 1930년대, 망간이 결핍된 사료를 동물에게 먹이자 기형 출산, 사산 등의 부작용뿐만 아니라 새끼를 낳아도 돌보지 않거나 생식기의 퇴화가 일어났다고 합니다. 이는 망간이 성호르몬 생성에 영향을 미쳐 생식 능력을 유지하는 데 중요한 영양소이기 때문입니다.

 여기서 잠깐 ! : 망간 섭취 주의점

망간은 여러 음식물에 골고루 들어 있는 영양소라 결핍되기 쉽지 않지만, 육식과 가공식품을 많이 먹을 경우 부족해질 수 있습니다. 망간 부족은 다양한 문제를 불러올 수 있는 만큼 망간이 풍부한 음식을 정기적으로 섭취할 수 있도록 노력해야 합니다.

불소/플루오르(FLUORINE, F)란?

　불소는 위와 작은 창자에서 흡수되어 빠른 속도로 뼈와 치아 등 무기질화된 조직으로 유입되는데, 화학적 활성이 높고 크기가 작아 뼈 속의 미네랄 성분을 안정화시키고, 치아의 사기질을 튼튼히 합니다. 이런 불소는 강력한 할로겐 원소로서 불소 자체로는 존재하지 않고, 자연계에서 화합물의 형태로 존재합니다.

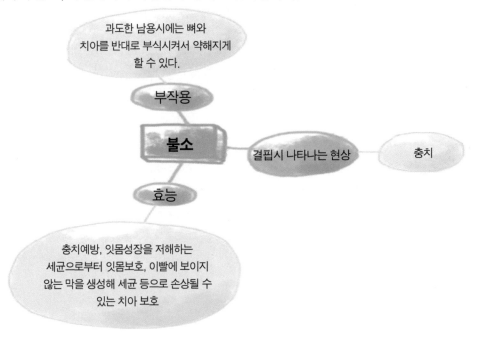

과도한 남용시에는 뼈와 치아를 반대로 부식시켜서 약해지게 할 수 있다.

부작용

불소

결핍시 나타나는 현상　　충치

효능

충치예방, 잇몸성장을 저해하는 세균으로부터 잇몸보호, 이빨에 보이지 않는 막을 생성해 세균 등으로 손상될 수 있는 치아 보호

 이거 알아요? : 치약과 불소의 차이

흔히 불소는 치약에 많이 쓰이는 성분입니다. 불소는 충치를 예방하고 치아를 튼튼하게 한다고 알려져 있습니다. 그것은 불소가 치아 표면으로 스며들어 입안 산성 환경에 대한 저항력을 높여주기 때문입니다. 사람의 입 속은 미생물과 세균들이 당분을 먹고 젖산을 배출하는 과정에서 산성화가 이루어집니다. 이 때문에 치아 표면의 석회질인 인산칼슘이 녹게 되는데, 불소는 이 인산칼슘을 튼튼하게 만들어 산에 대한 저항성을 높여줍니다.

크롬/크로뮴(CHROMIUM, Cr)이란?

크롬은 우리 신체의 간, 혈액 등에 미량 존재하는 포도당 대사에 필수적인 미네랄 성분입니다. 크롬은 특히 중성지방과 콜레스테롤 제거에 효과적인 영양성분으로, 단백질과 결합하여 운반되며 신체조직 전반에 분포되어 있습니다.

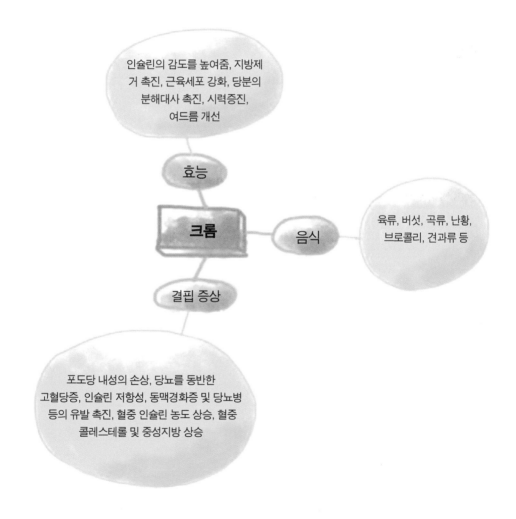

당뇨병과 크롬

*크롬 결핍 시 가장 두드러지게 나타나는 증상은 인슐린 저항성과 고혈당증입니다. 즉 포도당 대사가 원활하지 않아 당뇨의 발병 가능성이 높아졌다는 의미입니다. 하지만 이런 증세들은 크롬을 보충해주는 것만으로도 완화되거나 치료될 수 있습니다. 나아가 크롬 섭취의 결핍은 혈관 내피와 내막, 간세포에 장애를 가져와 동맥경화증을 유발하기도 합니다.

 이거 알아요? : 크롬의 의학적 용도

크롬은 외국에서 의학적 영양 보충 용도로 많이 사용되는 미네랄 중에 하나입니다. 특히 고혈당, 인슐린 저항 및 고지혈증을 개선시키고 제지방질량(lean body mass)을 증가시킬 목적으로 제2형 당뇨환자들에게 빈번히 이용되고 있습니다.

용어 알아보기

*크롬: 포도당 대사의 항상성 유지에 필요
지방 대사에 필수적, 인슐린의 보조인자로 작용

출처: 네이버 지식백과

몰리브덴/몰리브데넘(MOLYBDENUM, Mo)이란?

몰리브덴도 역시 우리 몸에 꼭 필요한 필수 미량 요소로서 철과 구리와 상호작용을 합니다. 또, 질소대사에 관여하고 철의 이용률을 증가시켜 빈혈 예방과 전반적인 건강을 지켜줍니다. 몰리브덴을 많이 섭취하면 전체의 구리흡수를 저해합니다. 또, 신체내의 몰리브덴은 대부분 간, 신장, 골격에 저장되어 있습니다.

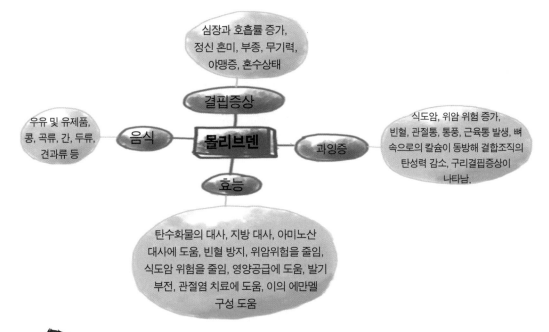

심장과 호흡률 증가, 정신 혼미, 부종, 무기력, 야맹증, 혼수상태

결핍증상

우유 및 유제품, 콩, 곡류, 간, 두류, 견과류 등

음식

몰리브덴

과잉증

식도암, 위암 위험 증가, 빈혈, 관절통, 통풍, 근육통 발생, 뼈 속으로의 칼슘이 동방해 결합조직의 탄성력 감소, 구리결핍증상이 나타남.

효능

탄수화물의 대사, 지방 대사, 아미노산 대사에 도움, 빈혈 방지, 위암위험을 줄임, 식도암 위험을 줄임, 영양공급에 도움, 발기부전, 관절염 치료에 도움, 이의 에만멜 구성 도움

여기서 잠깐! : 렌틸콩 알고 먹자

최근 건강식으로 각광 받는 렌틸콩은 영양소가 풍부한 식품으로 유명합니다. 고단백 저지방 식품으로서 단백질이 렌틸콩 100g당 소고기 134g에 달할 뿐 아니라, 그 외에 바나나의 12배, 고구마의 10배에 달하는 식이섬유, 아연, 철, 엽산, 비타민 B, 인과 각종 미네랄이 풍부하게 함유돼 있어 여성들에게 인기가 많습니다. 특히 렌틸콩의 항암작용, 노화방지에도 효과가 있는 것으로 전해지고 있는데, 이는 미네랄의 일종인 몰리브덴의 함량이 높기 때문입니다. 몰리브덴은 발암 물질을 분해해서 아미노산으로 만들어주는데, 렌틸콩 1컵(198g)에는 일일 영양소 기준치의 330%에 달하는 몰리브덴이 함유되어 있습니다.

나트륨(Na)이란?

나트륨은 알칼리 금속 원소의 일종이며 모든 동물에게 필요한 다량 원소의 하나입니다. 생체 내에서는 주로 세포 외 전해질의 성분으로 삼투 조절, 세포 내 PH 조절 등의 항상성 유지, 신경전달에 있어 중요한 역할을 합니다. 또, 나트륨은 세포 밖에, 칼륨은 세포 안에서 서로 대칭을 이루며 세포막을 유지하므로 칼륨과의 균형이 중요하고, 그 균형이 깨지면 심장 질환이 발생합니다.

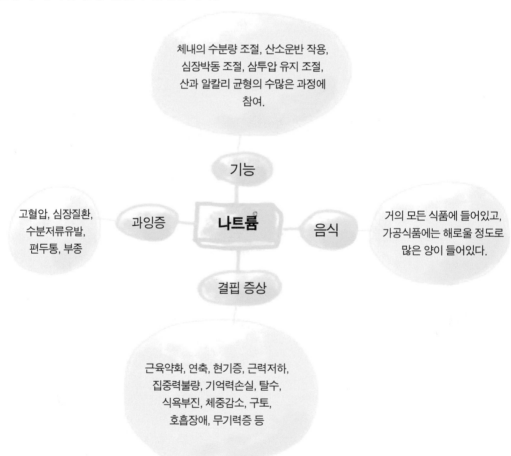

체내의 수분량 조절, 산소운반 작용, 심장박동 조절, 삼투압 유지 조절, 산과 알칼리 균형의 수많은 과정에 참여.

기능

고혈압, 심장질환, 수분저류유발, 편두통, 부종

과잉증

나트륨

음식

거의 모든 식품에 들어있고, 가공식품에는 해로울 정도로 많은 양이 들어있다.

결핍 증상

근육약화, 연축, 현기증, 근력저하, 집중력불량, 기억력손실, 탈수, 식욕부진, 체중감소, 구토, 호흡장애, 무기력증 등

나트륨의 두 얼굴

소금이 없으면 음식 맛을 낼 수 없듯이 나트륨은 생물에게 가장 중요한 미네랄 중의 하나지만 대부분의 사람들이 필요 이상으로 섭취한다는 것이 문제입니다. 짠 맛이 입맛을 돋구어주므로 자신도 모르는 사이에 많은 양을 섭취하게 되는 것입니다. 만일 나트륨이 없다면 인체 세포와 대사에 큰 장애가 발생하지만, 반대로 지나친 섭취도 고혈압이나 심장 질환 등을 유발하는 만큼 나트륨은 적절한 섭취에 주의해야 하는 미네랄입니다.

 여기서 잠깐! : 정제염 대신 천일염을 먹자

소금은 크게 정제염과 천일염으로 나뉩니다. 정제염이란 바닷물을 전기로 분해해 염화나트륨만 얻어낸 것으로 일반적으로 맛소금이라고 부르는 것들입니다. 이 소금은 염화나트륨이 99.8%를 차지하기 때문에 짠 맛이 강합니다. 반면 천일염은 염화나트륨 농도가 80% 정도고 마그네슘, 칼슘, 칼륨 등의 미네랄 성분이 풍부해 정제염보다 몸에 이롭습니다. 천일염에 들어 있는 미네랄이 염화나트륨을 몸 밖으로 원활하게 배출시키는 보완 작용을 하기 때문입니다.

칼륨(K)이란?

　칼륨이란 체내에 칼슘, 인 다음으로 많이 존재하는 미네랄입니다. 신체내의 칼륨의 양은 일정하기 때문에 비만도를 측정할 때 체지방량을 측정하는 기준이 되기도 합니다. 칼륨은 주로 소장에서 흡수되며 소화액에 많이 분포하지만 대부분 재흡수되며 대변과 땀으로 배설되는 양은 적으므로 신체 외로 빠져나가는 양은 적습니다.

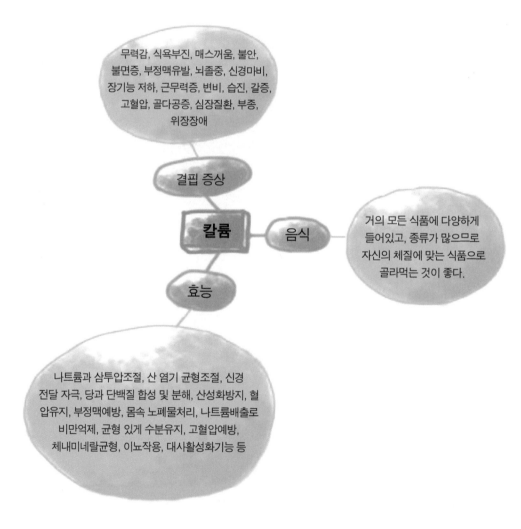

무력감, 식욕부진, 매스꺼움, 불안, 불면증, 부정맥유발, 뇌졸중, 신경마비, 장기능 저하, 근무력증, 변비, 습진, 갈증, 고혈압, 골다공증, 심장질환, 부종, 위장장애

결핍 증상

칼륨

음식

거의 모든 식품에 다양하게 들어있고, 종류가 많으므로 자신의 체질에 맞는 식품으로 골라먹는 것이 좋다.

효능

나트륨과 삼투압조절, 산 염기 균형조절, 신경전달 자극, 당과 단백질 합성 및 분해, 산성화방지, 혈압유지, 부정맥예방, 몸속 노폐물처리, 나트륨배출로 비만억제, 균형 있게 수분유지, 고혈압예방, 체내미네랄균형, 이뇨작용, 대사활성화기능 등

칼륨과 고혈압

고혈압이 대표적 원인 중에 하나는 바로 칼륨의 부족에 있습니다. 인체 세포막은 세포 내 나트륨과 세포 밖 칼륨을 교환해 나트륨을 세포 밖으로 밀어내고, 칼륨은 세포 안으로 끌어들입니다. 그런데 칼륨이 부족해 세포 내 나트륨의 배출에 문제가 생기면 세포 안으로 칼륨이 아닌 칼슘이 들어오게 됩니다. 그리고 이렇게 세포 안으로 들어온 칼슘이 혈관을 수축시켜 혈액의 흐름을 방해하고 그 결과 혈압을 높이게 되는 것입니다.

 여기서 잠깐! : 짜게 먹었다면 칼륨을 먹자

칼륨은 나트륨 성분을 배출하는 기능이 있으므로 짜게 먹는 등 나트륨 섭취가 과다했을 때 칼륨을 함께 섭취해주면 체내의 나트륨 농도가 상승하는 것을 막을 수 있습니다. 표고버섯, 콩과 팥, 아몬드와 땅콩, 다시마, 미역 등이 풍부한 칼륨을 자랑하는 음식들입니다.

인(P)이란?

인은 음식물에서 섭취한 당과 지질이 산화할 때 인산화 작용을 하는 ADP(아데노신2 인산)의 중요한 구성 성분으로서, 우리 몸의 에너지를 발생시키는 데 없어서는 안 될 중요한 미네랄입니다. 또한 인체 DNA와 RNA의 중요한 구성 성분이자 칼슘과 함께 우리 뼈와 치아를 구성합니다.

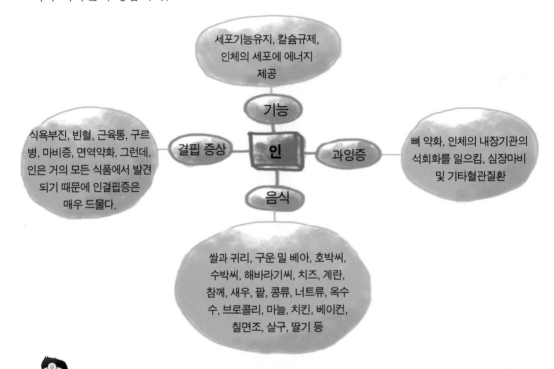

이거 알아요? : 인, 과다 섭취하면 위험하다

인은 부족한 것보다 과다 섭취를 더 주의해야 하는 미네랄입니다. 인이 과해지면 부갑상선 호르몬이 작용해 인을 배출하면서 동시에 칼슘과 농도 균형을 맞추기 위해 뼈 속의 칼슘을 꺼내 쓰게 됩니다. 나아가 인의 과다 섭취는 신장에도 무리를 가하게 됩니다. 인은 우리가 일상적으로 섭취하는 음식들인 계란, 두부, 우유, 치즈, 멸치, 마른오징어, 유부, 완두콩 등에 많이 들어 있습니다. 무엇이든 적당히 먹으면 도움이 되나 과하면 문제가 되는 만큼 어떤 음식이건 한꺼번에 과식하지 않고 적절히 섭취하도록 합시다.

황(S)이란?

　황은 인체세포의 나트륨과 칼륨 펌프에서 이온교환의 기능을 수행합니다. 황은 또한 인체의 정상적인 탄수화물 신진대사를 위해 필요한 티아민과 비오틴에 없어선 안 되는 요소입니다.

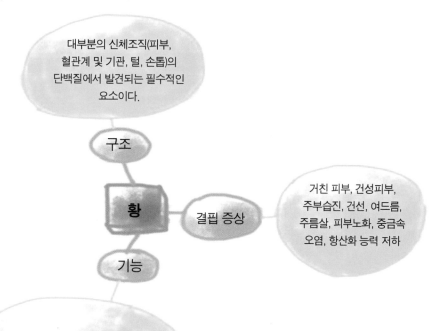

대부분의 신체조직(피부, 혈관계 및 기관, 털, 손톱)의 단백질에서 발견되는 필수적인 요소이다.

구조

황

결핍 증상

거친 피부, 건성피부, 주부습진, 건선, 여드름, 주름살, 피부노화, 중금속 오염, 항산화 능력 저하

기능

세포막의 삼투성 유지, 영양분을 세포 내부로 이동시킴, 유해물질과 폐기물질을 세포 밖으로 유출, 세포의 포도당섭취조절, 인슐린구성, 인체의 탄력성과 이동의 유연성 도움, 부상, 만성 및 노화로 인한 신체조직 복구에 도움

황이 풍부한 음식

황은 알싸한 맛과 향을 내는 음식들이 풍부하게 들어 있습니다. 겨자와 마늘, 양배추 같은 음식, 그 외에 쇠고기 살코기, 마른 콩, 생선, 달걀, 케일에도 풍부합니다.

 이거 알아요? : 아름다운 피부를 원한다면

황은 피부가 매끈해지고, 탄력을 되찾게 해주는 대표 공신 미네랄입니다. 또한 황을 충분히 섭취하면 머리카락에도 윤이 나며, 손발톱이 부러지지 않고 강해집니다.

3. 비타민

    비타민은 인체 생리 작용을 조절하는 중요한 물질로서 3대 영양소의 대사를 도와주는 작용을 하며, 그 외에도 세포분열, 시력, 성장, 상처치유, 혈액응고 등 다양한 생리 기능을 돕습니다. 비록 인체 구성에 관여하지는 않지만 부족해지면 여러 결핍증이 생깁니다. 또한 비타민은 체내에서 만들어내지 못하므로 반드시 음식으로 섭취해야합니다.

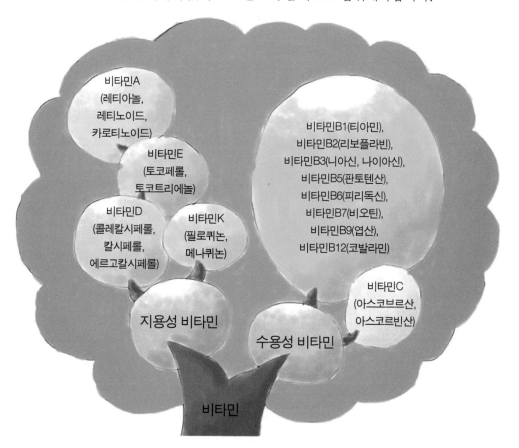

비타민의 구분

① 지용성 비타민

지용성 비타민은 기름에 녹는 비타민으로 비타민 A,D,E,F,K 등이 있습니다. 수용성 비타민에 비해 열에 강한 편이라 조리하거나 가공해도 손실이 적으며, 유기 용매가 있어야 흡수가 가능하므로 지방 성분과 동시에 섭취해야 합니다.

② 수용성 비타민

수용성 비타민은 물에 녹는 성질을 가진 비타민으로서 비타민 C와 비타민 B1, B2 나이아신, 비타민 B6, 엽산, 비타민 B12, 판토텐산, 비오텐 등이 여기에 해당됩니다. 물에 용해되는 성질과 상대적으로 열에도 약하므로 조리 시에는 물에 끓이기보다는 찌거나 볶거나 물을 소량으로 사용하는 편이 좋습니다.

비타민A(레티노이드, 레티아놀, 카로티노이드)는?

비타민 A의 가장 큰 역할은 신체 저항력의 강화로, 생체막 조직의 구조와 기능을 조절하고 세포 재생을 촉진시켜 구강, 기도, 위, 장의 점막을 보호하며 세포 산화를 막아주는 항산화 작용을 합니다. 눈의 망막에 있는 간상세포에 존재하는 감광색소인 로돕신(rhodopsin) 생산에도 사용됩니다.

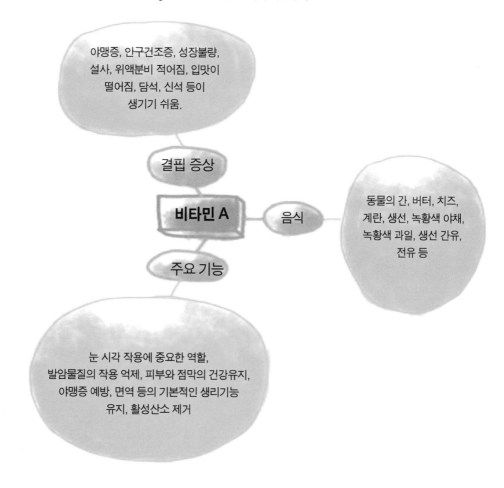

야맹증, 안구건조증, 성장불량, 설사, 위액분비 적어짐, 입맛이 떨어짐, 담석, 신석 등이 생기기 쉬움.

결핍 증상

비타민 A

음식

동물의 간, 버터, 치즈, 계란, 생선, 녹황색 야채, 녹황색 과일, 생선 간유, 전유 등

주요 기능

눈 시각 작용에 중요한 역할, 발암물질의 작용 억제, 피부와 점막의 건강유지, 야맹증 예방, 면역 등의 기본적인 생리기능 유지, 활성산소 제거

다양한 결핍 증상들 어떻게 나타나나요?

- 야맹증

비타민 A가 야맹증과 관련 있다는 것은 잘 알려진 사실입니다. 급격히 시력이 떨어지거나 밤에 어둑어둑한 상태에서 시력 저하를 느꼈다면 비타민 A의 부족을 의심해볼 필요가 있습니다. 비타민 A가 부족할 경우 야간 운전이 힘들어지거나 영화관에서 글자를 알아보기 어려워집니다.

- 피부 각화

비타민 A가 결핍되면 인체 상피세포들이 건조하게 각화되어 점액 분비양이 적어지게 됩니다. 피부에 각화가 일어나고 거칠어지기 시작했다면 비타민 A를 보충해야 합니다.

- 감기

비타민 A가 부족하면 코의 점막 등에 영향을 미쳐 바이러스 침투가 쉬워지면서 감기에 쉽게 걸릴 수 있습니다.

 이거 알아요? : 과잉섭취를 주의하자

많이 섭취해도 소변으로 배출되는 수용성 비타민과 달리 지용성 비타민은 몸 안에 축적되는 양이 많습니다. 비타민 A 역시 과량 섭취하면 독성 효과가 날 수 있습니다. 과잉 섭취로 인한 주요 증후로는 피로감, 두통, 구역질, 설사, 식욕 부진, 체중 감소, 피부 건조, 어지러움 등이 있으며, 심한 경우에는 간 손상, 출혈, 혼수상태까지 발생할 수 있습니다. 무엇보다도 임신부의 경우 비타민 A를 과잉 섭취하면 태아의 조산과 기형을 불러오므로 주의해야 합니다.

비타민B1(티아민)은?

비타민B₁은 에너지 대사와 핵산 합성에 관여하며, 신경과 근육 활동에 반드시 필요한 물질입니다. 곡류와 육류를 비롯하여 콩류, 견과류, 생선류에 비교적 많이 들어 있는 영양소입니다. 결핍 증상으로는 대표적으로 각기병이 있는데, 흰 쌀밥만 섭취하는 습관, 알코올 중독자, 소화 흡수 장애, 이뇨제 사용, 간 장애, 당뇨병 등으로 결핍이 발생합니다.

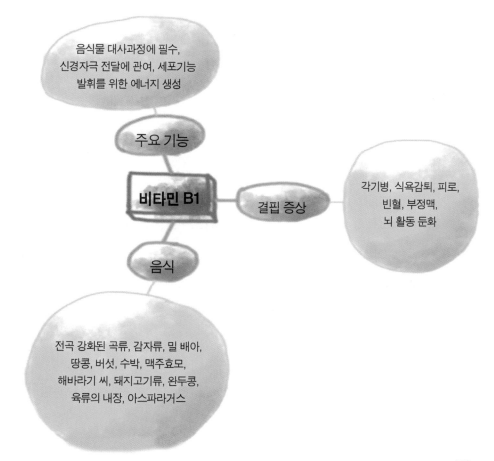

음식물 대사과정에 필수, 신경자극 전달에 관여, 세포기능 발휘를 위한 에너지 생성

주요 기능

비타민 B1

결핍 증상

각기병, 식욕감퇴, 피로, 빈혈, 부정맥, 뇌 활동 둔화

음식

전곡 강화된 곡류, 감자류, 밀 배아, 땅콩, 버섯, 수박, 맥주효모, 해바라기 씨, 돼지고기류, 완두콩, 육류의 내장, 아스파라거스

각기병이란?

각기병은 *티아민의 부족으로 인한 영양실조 증세 중 하나입니다. 다리가 딱딱하게 부어오르고, 부은 다리를 손가락으로 누르면 들어간 살이 나오지 않는 증상이 나타납니다. 초기에는 식욕과 소화가 부진하고 피로와 무기력증이 나타다가 심각해지면 다발성 신경염을 비롯해 몸이 부어오르는 부종이 나타납니다.

독소를 제거하는 티아민의 기능

티아민은 우리 몸의 독소를 없애주는 해독작용을 통해 우리 면역력을 높여줍니다. 최근 유해한 식품첨가물들이 우리 몸의 면역 체계를 파괴하고 있는데, 티아민은 햄이나 인스턴트 식품에 들어 있는 식품첨가물, 방부제 등의 수소와 결합하고 그 기능을 빼앗아 유해한 물질을 다른 물질로 바꿔주는 역할을 합니다.

 이거 알아요? : 백미 섭취를 주의하자

현미는 티아민 섭취에 가장 효율적인 식품이라고 할 수 있습니다. 흰 쌀밥은 과피 · 종피 · 호분층으로 된 쌀겨층을 벗겨내게 되는데, 그렇게 되면 탄수화물이 전체의 70~85%, 그 다음 단백질, 지방만 남을 뿐 비타민 B1 및 지용성 비타민들의 함유량이 대부분 사라지게 됩니다. 이 때문에 정백된 쌀을 주식으로 삼는 동남아시아 일부 마을에서는 비타민 B1 결핍으로 발생하는 각기병이 흔히 관찰되었다고 합니다. 반면 현미는 쌀겨의 대부분을 보존하고 있으므로 충분한 티아민 섭취가 용이합니다.

용어 알아보기

*티아민: 티아민(thiamine) 또는 비타민 B1은 수용성 비타민의 한 종류로서 탄수화물 대사를 조절하는 데 관여하며 각기병이라는 비타민 B1결핍증이 있다. 효모와 곡류에 다량 함유되어 있는 영양소이다.

출처: 위키백과

비타민B2(리보플라빈)는?

　비타민 B2는 노란색을 띄는 결정체의 형태입니다. 탄수화물, 단백질, 지방 등이 산화되어 에너지를 발생할 때 작용하는 효소를 조력하는 역할을 하는 만큼 없어서는 안되며, 만일 결핍되면 이들의 대사가 저해되어 여러 가지 신체장애를 일으킬 수 있습니다.

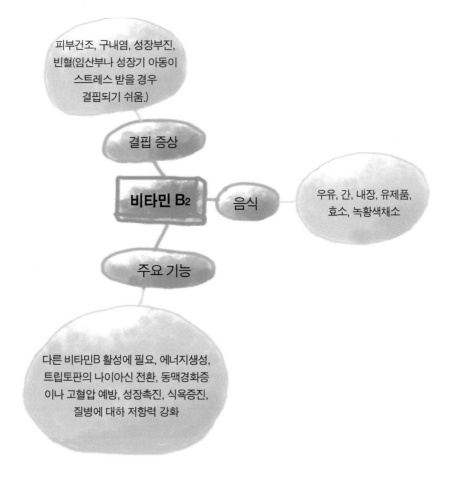

피부건조, 구내염, 성장부진,
빈혈(임산부나 성장기 아동이
스트레스 받을 경우
결핍되기 쉬움.)

결핍 증상

비타민 B2

음식

우유, 간, 내장, 유제품,
효소, 녹황색채소

주요 기능

다른 비타민B 활성에 필요, 에너지생성,
트립토판의 나이아신 전환, 동맥경화증
이나 고혈압 예방, 성장촉진, 식욕증진,
질병에 대하 저항력 강화

이거 알아요? : 성장기 어린이와 리보플라빈

구각염은 입술 양쪽 끝이 빨갛게 붓거나 염증이 발생하는 질병으로 *리보플라빈 결핍의 전형적인 증세입니다. 이 구각염은 특히 아이들에게서 잘 나타나는데, 이는 에너지 대사에서 주효소로 작용하는 리보플라빈이 성인보다 성장기 아이들에게 더 많이 필요한 영양소이고, 성장기 아이들의 경우 식습관에 따라 리보플라빈 결핍이 더 쉬워지기 때문입니다. 따라서 성장기 때는 우유와 요구르트 등 유제품을 비롯하여 리보플라빈 섭취가 용이한 음식을 정기적으로 섭취해야 합니다.

용어 알아보기

*리보플라빈: 각종 대사에 중요한 역할을 하는 조효소 구성 성분

결핍 시 나타나는 증상으로는 구각염, 구순염, 설염, 지루성 피부염, 안구건조증이 있다.

출처: 위키백과

비타민 B3(니아신, 나이아신)는?

나이아신은 세 번째로 발견된 비타민 B로, 우리가 섭취하는 탄수화물과 지방, 단백질 대사에 영향을 주는 중요한 영양소입니다. 신경전달 물질의 생산을 돕고 피부의 건강과 수분 유지에 관여하기도 합니다. 나아가 나이아신은 혈관을 확장시켜 혈류의 흐름을 원활히 하고 혈중 콜레스테롤 수치를 조절하는 일에도 관여합니다.

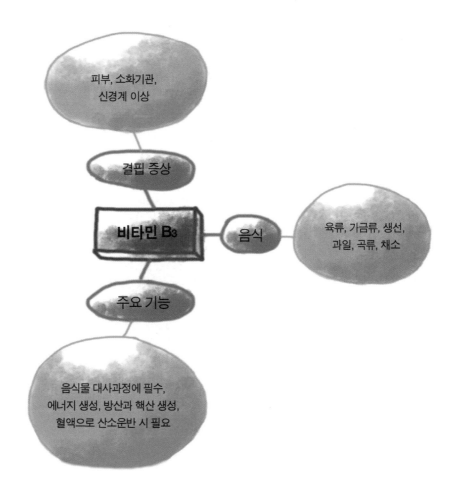

피부, 소화기관, 신경계 이상

결핍 증상

비타민 B₃

음식

육류, 가금류, 생선, 과일, 곡류, 채소

주요 기능

음식물 대사과정에 필수, 에너지 생성, 방산과 핵산 생성, 혈액으로 산소운반 시 필요

혈관 건강을 위한 비타민

모세혈관이란 실처럼 가느다란 혈관들로 온몸 구석구석에까지 혈액을 공급해주는 중요한 통로입니다. 나이아신은 특히 혈관 확장, 혈액순환 개선 효과가 높아 혈압과 콜레스테롤 수치를 낮추고 심장에 많은 혈액을 공급하는데 도움이 됩니다.

 이거 알아요! : 옥수수와 펠라그라

나이아신은 소고기와 생선, 달걀과 우유 등에 풍부하게 포함되어 있어 영양적으로 균형 잡힌 식단만 유지하면 결핍될 염려가 없습니다. 한편 옥수수만 주식으로 먹는 가난한 나라에서는 나이아신 결핍으로 인한 *펠라그라라는 질병이 만연하는 경우가 많습니다. 설염과 피부염, 뇌질환 등을 동반하는 병으로 나이아신을 충분히 섭취해주면 회복됩니다.

용어 알아보기

*펠라그라 : 니코틴산 결핍증후군이라고도 한다. 열대나 아열대지방에 많다. 알코올 중독 · 결핵 · 위장병 등이 있으면 걸리기 쉽다. 옥수수를 주식으로 하는 지방에 유행한다. 손발 · 목 · 얼굴 등과 같이 햇볕을 쬐는 피부에 생기는 홍반 및 신경장애와 위장장애가 주증세이다. 만성증은 해마다 봄부터 가을 사이에 나타나는데, 겨울이 되면 호전된다. 급성증일 때는 발열 · 설사 · 의식장애를 일으켜 사망하기도 한다. 니코틴산을 함유하는 비타민 B3를 투여하면 효과가 있다.

출처: 네이버 지식백과

비타민B5(판토텐산)란?

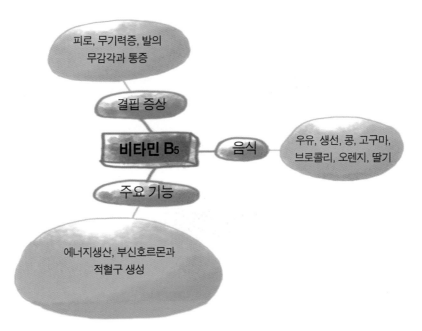

판토텐산의 판토텐이라는 어원은 '모든 곳으로부터(from every side)'라는 뜻을 가진 그리스어입니다. 동식물계에서 비록 미량이지만 광범위하게 분포하는 영양소입니다. 지방, 탄수화물, 단백질대사와 에너지 생성에 필요한 영양소이자, 뇌 신경전달과도 긴밀한 연관을 가집니다.

피로, 무기력증, 발의 무감각과 통증

결핍 증상

비타민 B5

음식

우유, 생선, 콩, 고구마, 브로콜리, 오렌지, 딸기

주요 기능

에너지생산, 부신호르몬과 적혈구 생성

이거 알아요? : 광범위하게 존재하는 영양소

결핍되는 경우는 극히 드문데, 만일 결핍되었을 경우는 다른 비타민 B 복합체들과 티아민, 리보플라빈, 비타민 B6와 엽산 등 다른 비타민 B 복합체들과 함께 부족 증상을 수반하는 경우가 많습니다. 알코올 중독자의 경우 판토텐산의 결핍이 나타나는 경우가 많은데, 이는 평상시 식사를 챙기지 않는 심각한 영양 불량 상태에서 기인합니다.

비타민B6(피리독신)란?

*피리독신은 적혈구 생성에 관여하고 인체 에너지를 만들어내는 가장 중요한 비타민 중에 하나입니다. 따라서 부족해질 경우 빈혈을 유발하기도 합니다. 나아가 피리독신은 이른바 행복 비타민이라고도 불리는데, 기분을 안정시켜주는 호르몬인 세로토닌과 도파민의 수준을 증가시키는 등 신경 안정에 영향을 미칩니다.

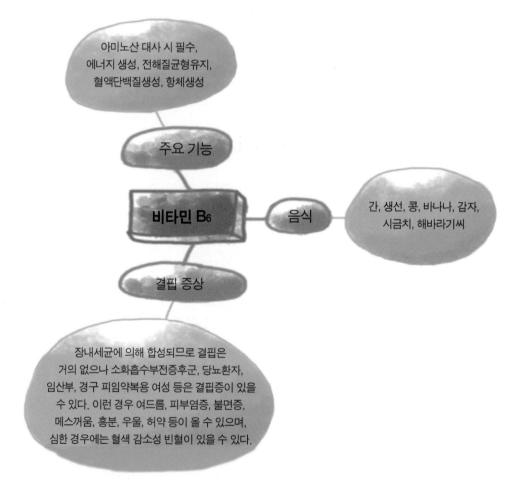

아미노산 대사 시 필수, 에너지 생성, 전해질균형유지, 혈액단백질생성, 항체생성

주요 기능

비타민 B6

음식

간, 생선, 콩, 바나나, 감자, 시금치, 해바라기씨

결핍 증상

장내세균에 의해 합성되므로 결핍은 거의 없으나 소화흡수부전증후군, 당뇨환자, 임산부, 경구 피임약복용 여성 등은 결핍증이 있을 수 있다. 이런 경우 여드름, 피부염증, 불면증, 메스꺼움, 흥분, 우울, 허약 등이 올 수 있으며, 심한 경우에는 혈색 감소성 빈혈이 있을 수 있다.

여기서 잠깐! : 육류를 좋아한다면 피리독신을 섭취해야 한다

음식물로 섭취한 육류는 분해 작용을 거쳐 아미노산으로 흡수됩니다. *피리독신은 이처럼 육류가 아미노산으로 분해되는 대사 과정을 돕는 조효소 역할을 합니다. 평소 일상적인 식사만으로도 결핍되는 경우가 거의 없지만, 평상시 식사에서 육류를 특히 좋아한다면 피리독신의 섭취가 큰 도움이 됩니다.

용어 알아보기

*피리독신: 피리독신(Pyridoxine)은 피리독살, 피리독사민과 함께 비타민 B6로 부를 수 있는 화합물의 하나이다.

출처: 위키백과

비타민B7(비오틴)이란?

　동식물의 생육에 필요한 비타민B복합체의 일종으로 황 성분을 함유하고 있습니다. 지방과 탄수화물 대사, 아미노산 대사에도 관여합니다. 특히 피부와 두발을 건강하게 만들어주는 효능이 있으며, 혈구의 생성과 남성 호르몬 분비에도 관여합니다. 또한 다른 비타민 B군과 함께 신경계와 골수의 기능을 향상시키는 데 도움을 줍니다.

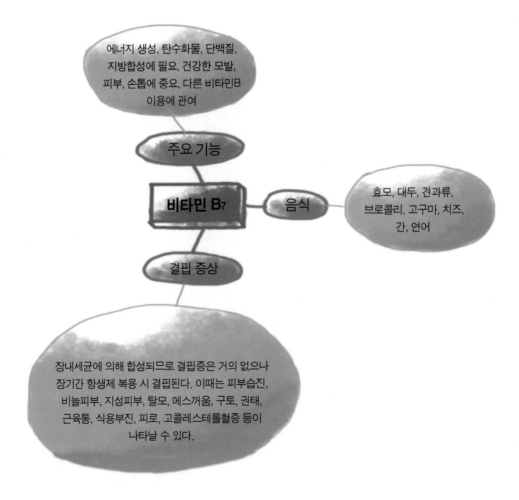

에너지 생성, 탄수화물, 단백질, 지방합성에 필요, 건강한 모발, 피부, 손톱에 중요, 다른 비타민B 이용에 관여

주요 기능

비타민 B7

음식

효모, 대두, 견과류, 브로콜리, 고구마, 치즈, 간, 연어

결핍 증상

장내세균에 의해 합성되므로 결핍증은 거의 없으나 장기간 항생제 복용 시 결핍된다. 이때는 피부습진, 비늘피부, 지성피부, 탈모, 메스꺼움, 구토, 권태, 근육통, 식용부진, 피로, 고콜레스테롤혈증 등이 나타날 수 있다.

이거 알아요? : 흡연자라면 비오틴을 섭취해야 한다

*비오틴은 장내 미생물에 의해 생 합성되므로 결핍되는 경우는 거의 없습니다. 하지만 술을 자주 마시거나 담배를 피울 경우 장내 세균 활동에 장애를 받아 비오틴 생산에 문제가 생길 수 있는 만큼 비오틴 섭취에 신경을 써야 합니다.

용어 알아보기

*비오틴: 비오틴(biotin)은 황(sulfur)을 함유하고 있는 비타민으로 지방과 탄수화물 대사에 관여한다. 비오틴은 4개의 탈탄산효소(carboxylase)의 필수적인 보조인자로 작용하며, 이 중 3개는 열량과 아미노산 대사에 관여하고 1개는 지방산을 만드는 데 작용한다. 탈탄산효소는 비오틴에 결합하여 기질에 이산화탄소를 첨가해 준다.

출처: 네이버 지식백과

비타민B9(엽산)란?

엽산은 '잎' 을 뜻하는 라틴어 'folium' 에서 이름이 유래된 비타민입니다. 아미노산의 합성에 필수적인 영양소로서 특히 유전자 DNA의 복제에 관여하는 효소에 영향을 미쳐 세포 분열과 성장에 결정적인 영향을 미칩니다. 또한 비타민 B12인 코발리민과 결합해 성장과 발달, 적혈구 생산에도 관여합니다.

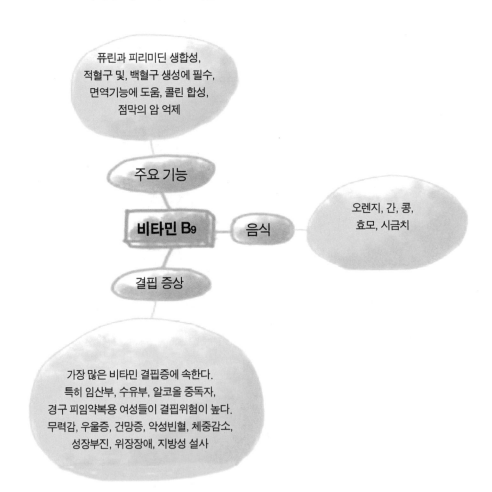

퓨린과 피리미딘 생합성,
적혈구 및, 백혈구 생성에 필수,
면역기능에 도움, 콜린 합성,
점막의 암 억제

주요 기능

비타민 B9

음식

오렌지, 간, 콩,
효모, 시금치

결핍 증상

가장 많은 비타민 결핍증에 속한다.
특히 임산부, 수유부, 알코올 중독자,
경구 피임약복용 여성들이 결핍위험이 높다.
무력감, 우울증, 건망증, 악성빈혈, 체중감소,
성장부진, 위장장애, 지방성 설사

임산부와 엽산

엽산 결핍은 빈혈을 초래하며, 임산부의 경우 태아의 조산, 사산, 저체중아 출산 등 나쁜 예후를 가져올 수 있습니다. 임신 가능성이 있거나 임신한 상태에서 엽산을 권하는 이유도 이 때문입니다. 나아가 임산부 외에도 아동, 청소년, 노인 등에서도 엽산 결핍이 자주 발생하는 만큼 평상시 엽산이 풍부한 음식을 섭취할 필요가 있습니다.

 여기서 잠깐! : 엽산 부족에 대처하려면

엽산은 시금치와 같은 잎채소는 물론 간, 콩, 과일류 등에 널리 분포해 있습니다. 그럼에도 엽산이 자주 결핍되는 이유는 식품에 함유된 엽산 중 50~90%가 식품을 조리, 가공하는 과정에서 손실되기 때문입니다. 특히 가공 과정이 지나칠 경우는 거의 대부분 파괴되므로 되도록 생으로 섭취하는 것이 관건입니다. 나아가 항생제, 피임약, 호르몬제 복용 또한 체내의 엽산 저장을 고갈시키게 됩니다.

비타민B12(코발라민)란?

*코발라민은 정상적인 엽산의 활동을 돕는 역할을 합니다. 때문에 결핍되면 엽산 조효소를 만들기 어렵게 되므로 엽산의 결핍증세가 나타나게 됩니다. 따라서 엽산 섭취를 신경 써야 하는 분이라면 코발라민의 섭취도 염두에 두어야 합니다.

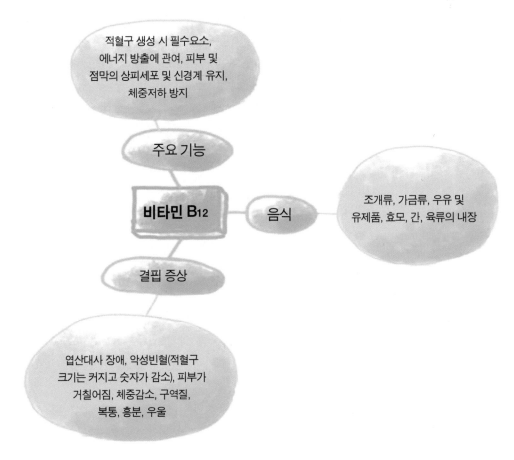

적혈구 생성 시 필수요소, 에너지 방출에 관여, 피부 및 점막의 상피세포 및 신경계 유지, 체중저하 방지

주요 기능

비타민 B12

음식

조개류, 가금류, 우유 및 유제품, 효모, 간, 육류의 내장

결핍 증상

엽산대사 장애, 악성빈혈(적혈구 크기는 커지고 숫자가 감소), 피부가 거칠어짐, 체중감소, 구역질, 복통, 흥분, 우울

이거 알아요? : 코발라민 부족 현상

악성 빈혈을 가진 환자의 경우 코발라민의 결핍인 경우가 많습니다. 또한 코발라민이 부족해지면 인지능력이 떨어지고 운동 장애가 생기는 등 신경장애가 나타날 수 있습니다. 코발라민은 달걀, 우유 및 유제품, 해산물, 육류, 가금류 등의 동물성 식품에만 존재하며, 특히 소의 간이나 심장 등 동물 기관에는 다량 분포되어 있습니다. 코발라민은 조리를 해도 쉽게 파괴되지 않습니다.

용어 알아보기

*코발라민: 비타민 B12는 코발라민(Cobalamin)이라고도 알려져 있는 역시 다른 비타민 B 계열과 같은 수용성이다. 다른 영양소와는 달리 특이하게 박테리아, 곰팡이, 조류에서 생성된다. 사람은 동물성 식품을 통해 대부분 섭취할 수 있고, 간에 저장되어 재활용되는 영양분이다. 다른 비타민과는 다르게 무기질인 코발트가 들어있어 가장 복잡한 종류의 비타민으로도 알려져 있다.

출처: 네이버 지식백과

비타민C(아스코르빈산)란?

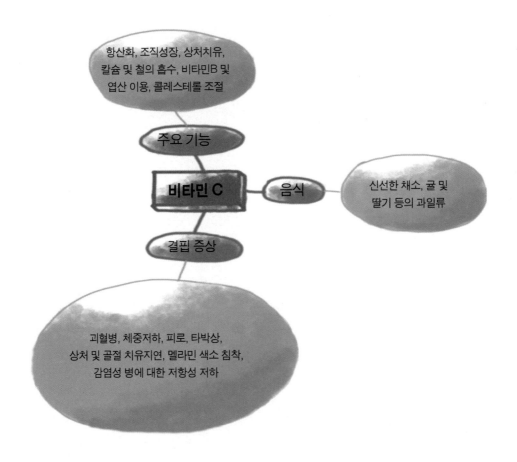

'비타민의 제왕'이라고도 불리는 비타민 C는 인체의 힘줄, 혈관, 뼈 등 조직과 조직을 이어주는 콜라겐의 합성에 반드시 필요한 물질입니다. 또한 뇌 기능에 필수적인 동시에 신경전달 물질의 합성에도 중요한 역할을 하며, 혈압과 스트레스 방어, 면역력과 질병 회복에 관계하는 등 다양한 기능을 수행하는 중요한 비타민입니다.

항산화, 조직성장, 상처치유, 칼슘 및 철의 흡수, 비타민B 및 엽산 이용, 콜레스테롤 조절

주요 기능

비타민 C

음식

신선한 채소, 굴 및 딸기 등의 과일류

결핍 증상

괴혈병, 체중저하, 피로, 타박상, 상처 및 골절 치유지연, 멜라닌 색소 침착, 감염성 병에 대한 저항성 저하

현대인과 비타민의 중요성

비타민C는 스트레스와 피로가 많고 성인병 위험에 노출되어 있는 현대인에게 꼭 필요한 영양소로, 건강 유지와 활력 보강, 항암 치료 등 팔방미인이라고 할 만큼 우리의 건강에 여러 좋은 영향을 미칩니다.

질 병	비타민C의 작용
빈 혈	철의 흡수를 돕는다.
간 염	바이러스형 간염의 바이러스에 대항하는 힘을 길러준다.
스트레스	스트레스에 대한 내성을 강화한다.
동맥 경화	콜레스테롤을 낮춰주어 혈관을 젊게 만든다.
감 기	바이러스를 억제하는 인터페론이라는 물질을 생성한다.
외 상	골절과 상처의 치유를 앞당긴다.
알레르기	비염 등 알레르기의 반응을 줄여준다.
당뇨병	철의 흡수를 돕는다.
빈 혈	인슐린과 비슷한 작용을 해서 혈당을 낮춰준다.

비타민C로 면역력을 키우자

비타민C의 가장 획기적인 효능은 면역세포의 생산과 운동성을 촉진해 면역력을 증강시킨다는 점입니다. 예를 들어 정상적인 백혈구에는 비타민C의 농도가 높지만, 스트레스와 감염이 있을 때에는 혈액과 백혈구의 비타민C 농도가 급격하게 감소하게 됩니다. 우리 몸은 바이러스 등 외부 침입 물질이 들어오면 백혈구가 육탄돌격으로 바이러스와 싸우면서 몸의 손상을 막게 되는데, 이 백혈구의 에너지를 내는 동력이 바로 비타민C입니다.

비타민C 부족을 막으려면

오래전 인류는 과일을 통해 하루에 평균 2.3kg에 달하는 비타민을 섭취했는데, 이는 요즘의 권장량인 50~60mg의 약 40배에 달합니다. 다시 말해 현대인의 비타민C 수치가 얼마나 낮아졌는지를 단적으로 알 수 있는 부분입니다. 비타민C는 인체 내에서 가장 활발히 사용되는 비타민이지만, 동시에 환경오염, 스트레스 흡연과 음주 같은 이유들로 결핍되기도 쉽습니다. 대부분은 원하는 양에 비해 적은 비타민C를 섭취하기 때문입니다. 즉 정기적으로 비타민C 영양제를 섭취하는 것만이 비타민C 부족분을 보충하고 결핍을 막을 수 있는 방법입니다.

이거 알아요? : 잇몸에서 피가 난다면?

비타민C가 부족할 경우 우리 몸의 스트레스를 방어해주는 아드레날린과 스테로이드 호르몬에 문제가 생겨 혈압과 혈당의 유지력이 파괴되게 됩니다. 즉 쉽게 피로를 느낄 뿐 아니라 콜라겐 합성이 어려워져 아침에 이를 닦을 때마다 잇몸에서 피가 묻어날 수 있습니다. 그리고 이것이 심해지면 우리 몸이 방어력을 잃게 되어 감기 같은 질환에 쉽게 걸리게 됩니다.

비타민D(콜레칼시페롤, 에르고칼시페롤, 칼시페롤)란?

　비타민 D는 뼈 건강과 관련해 중요한 비타민으로서, 골격을 형성하는 미네랄인 칼슘을 대장과 콩팥에서 흡수시키고 칼슘을 골수로 운반해 뼈대가 곧고 건강하게 크도록 하는 데 결정적인 역할을 합니다. 달걀노른자, 생선, 간 등에도 풍부하게 들어 있지만 대부분은 햇빛을 통해 얻게 됩니다.

소장에서 칼슘과 인의
흡수 증대, 골격형성 도움,
뼈로부터의 칼슘 재흡수 촉진,
신장에서 칼슘 재흡수 증대

주요 기능

비타민 D

음식

참다랑어, 간유,
난황, 내장

결핍 증상

성장기 아동에선 구루병,
성인에선 골연화증, 골다공증 약화,
신경과민, 설사, 불면증, 근육 연축

비만과 비타민 D 결핍

비타민 D는 지용성이라 체내에서 지방 조직에 쉽게 흡수됩니다. 일단 지방이 비타민 D를 흡수하면 쉽게 놓아주지 않는데, 때문에 지방량이 많을수록 비타민 D 부족이 오기 쉽습니다. 또한 비만 때문에 비타민 D가 부족해지는 것에서 멈추는 것이 아니라, 비타민 D 부족이 또 다시 비만을 악화시키는 악순환을 가져올 수 있습니다.

 이거 알아요 ? : 지나친 비타민 D는 금물이다

비타민 D는 부갑상선 호르몬에 작용하는 영양소이기도 합니다. 즉 비타민 D를 과다 복용하면 부갑상선 호르몬이 지나치게 분비될 수 있는데, 이때 오히려 칼슘을 뼈에서 빼앗아가서 뼈가 약해지며, 근력이 저하되고 두통이 발생하기도 합니다.

비타민E(토코페롤, 토코트리에놀)란?

　비타민 E는 흔히 토코페롤이라고도 불리는 대표적인 항산화 영양소로서, 활성산소를 제거하여 노화를 지연시키는 기능이 탁월해 일명 '회춘 비타민'이라고 불립니다. 비타민 E가 체내에 풍부하면 몸을 녹슬게 하는 유해 산소를 제거해 혈관과 세포의 손상을 방지함으로써 심장병이나 기타 노화로 인한 질환을 막을 수 있습니다.

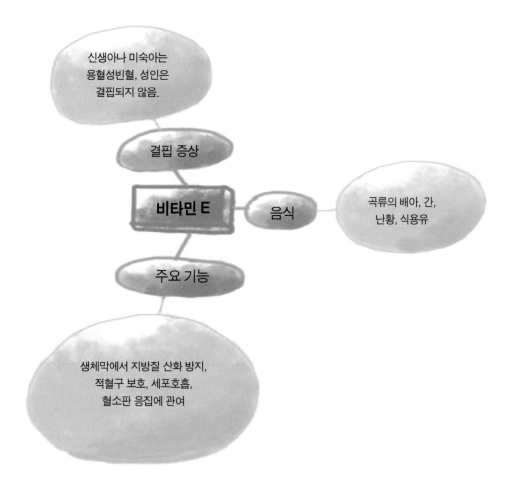

신생아나 미숙아는 용혈성빈혈, 성인은 결핍되지 않음.

결핍 증상

비타민 E

음식

곡류의 배아, 간, 난황, 식용유

주요 기능

생체막에서 지방질 산화 방지, 적혈구 보호, 세포호흡, 혈소판 응집에 관여

견과류에 풍부한 비타민 E

비타민 E의 하루 필요량은 5mg 정도인데, 아몬드의 경우 비타민 E의 함유량이 100g 당 31.2mg 정도로 하루 2개 정도, 땅콩은 하루 10개 정도 섭취하면 충분히 하루 권장량을 섭취할 수 있습니다.

	아몬드	잣(생것)	검은깨	흰깨	호두
비타민E(mg)	31.2	11.5	7.6	1.3	1.8

여기서 잠깐！: 겨울에는 비타민 E를 보충하자

비타민 E가 부족하면 혈액 순환에 문제가 생겨 체온 유지와 추위 방어 능력이 떨어지게 됩니다. 추운 겨울에 쉽게 살갗이 트거나 추위를 이겨내기 어려워하는 경우 비타민 E 결핍증을 의심해봐야 합니다.

비타민K(필로퀴논, 메나퀴논)란?

비타민K는 혈액응고 과정을 위미하는 독일어인 "Kogalulation(응고)"로 부터 'K'자를 따왔습니다. 그 만큼 우리 몸의 혈액 응고에 긴밀한 영향을 미치는데, 비타민 K가 부족하면 혈액 응고 과정이 방해를 받아 혈액 응고가 지연되게 됩니다. 또한 혈장과 뼈, 신장 등의 단백질 개질을 위해서도 반드시 필요한 성분입니다.

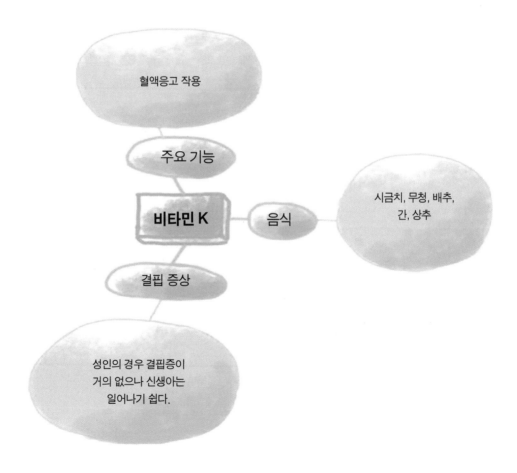

혈액응고 작용

주요 기능

비타민 K

음식

시금치, 무청, 배추, 간, 상추

결핍 증상

성인의 경우 결핍증이 거의 없으나 신생아는 일어나기 쉽다.

여성과 신생아에게 필요한 비타민 K

비타민 K는 동물성과 식물성 식품에 풍부하고, 조리 시 손실이 적으며, 장내 미생물에 의해 합성되므로 건강한 식사를 한다면 결핍증이 거의 없습니다. 하지만 생리 과다 증상을 가졌거나 아직 신생아인 경우 비타민 K가 부족해질 수 있으므로 평소 도움이 되는 음식을 섭취하면 좋습니다.

 영양소 상식 : 뼈를 튼튼하게 하는 비타민 K

비타민 K는 우리가 음식물로 섭취한 칼슘을 붙잡아서 잘 정착할 수 있도록 도와 골다공증을 예방한다는 점에서 뼈 건강에도 매우 중요합니다. 또한 적절한 비타민K의 섭취는 암과 심장질환을 방지하고 지방흡수에 문제가 있는 사람들에게도 도움을 주며, 일부 항생제 치료에도 이로운 기능을 수행하게 됩니다.

5장 질병을 막아주는 신비의 영양소에 대해 알아봅시다

1. 글리코 영양소의 비밀

'글리코' 란 '달다' 라는 뜻을 가진 이름으로, 글리코 영양소는 당분과 탄수화물로 이루어집니다. 흔히 당질영양소(Glyco nutrients)라고도 불리는 이 글리코 영양소가 최근 큰 주목을 받는 이유는 바로 세포 건강과 글리코 영양소 사이에 긴밀한 연관이 존재하기 때문입니다.

질병과 세포

인체의 모든 질병은 세포가 여러 독소로 인해 낡고 병들면서 시작됩니다. 인체 구조의 가장 기본 단위인 세포는 인체의 조직과 기관을 이루고, 다양한 신경 기능을 관장하며 체내 시스템을 유지합니다. 따라서 세포 건강은 우리의 건강과 직결될 수밖에 없습니다.

세포 건강과 세포 교신

세포가 건강하려면 체내 환경이 안정되어 항상성이 유지되어야 합니다. 일정한 시간에 영양소를 적절히 공급받고 이를 통해 새로운 세포를 생성해야 건강할 수 있는 것입니다. 이 때문에 세포들은 상호 간 의사소통을 통해 체내 시스템을 유지하기 위해 협력합니다. 이처럼 세포 간에 주고받는 교신을 세포 언어(Cellular Language)라고 하는데, 이 세포 간 교신이 원활히 이루어져야만 인체의 각 기관들이 제 역할을 할 수 있습니다.

글리코 영양소와 세포 교신

다른 모든 인체 활동과 마찬가지로 세포 간 교신에도 에너지와 영양소가 소요되는데, 여기에 반드시 필요한 물질은 총 4가지로 단백질, 핵산, 지방과 탄수화물(Glyco : 당분)입니다. 이중에서도 당분, 즉 글리코 영양소는 우리 몸 세포에서 전달되는 화학적 명령 신호, 세포 간 의사전달에 필수적으로 사용되므로 부족해져서는 안 되는 영양소입니다.

당사슬이란?

당사슬이란 일종의 연쇄고리의 형태를 띠는 세포막 외벽에 부착된 실타래와 비슷한 당질 배합체로서 세포 간 의사소통과 인지를 담당합니다. 글리코 영양소가 중요한 이유는 이 구조물들이 바로 세포외벽 물질과 글리코 영양소를 비롯한 필수 당질 영양소들과 결합해 만들어지기 때문입니다. 이 당사슬이 건강해야 바이러스나 세균이 들어

올 때 세포가 원활한 역할을 할 수 있습니다. 반면 글리코 영양소들이 결여되면 세포 간 의사소통에 문제가 생겨 암세포를 인지하지 못하고 방치해 암이 발전하고, 자기편 을 적군으로 착각하여 공격하게 됨으로써 자가 면역질환이 발생하게 됩니다.

2.당사슬이 부족하면?

　당사슬이 부족하면 미토콘드리아에 영양소 전달이 어려워져 열량 부족으로 체온이 내려가고 그로 인해 몸이 차가워지고 질병이 발생하게 됩니다. 실로 모든 질병의 근본적인 원인은 당사슬이 부족해서 세포가 제 역할을 하지 못하는 것으로 당사슬의 건강을 위해서는 충분한 글리코 영양소를 섭취해야 합니다.

3.현대인의 당사슬 수는 왜 적을까?

현대인의 건강은 시시각각 위협받고 있습니다. 토양에서는 상당량의 미네랄이 손실 됨으로써 음식에서 충분한 영양소를 섭취하기 어려워졌을 뿐 아니라, 스트레스와 불규칙한 식습관으로 영양 불량 상태를 겪는 이들이 많아지고 있습니다. 이런 상황에서 현대인들은 당사슬 수 역시 적을 수밖에 없습니다. 건강한 사람들은 1개의 세포에 대략 10만개의 당사슬을 가지고 있는 반면, 현대인들 대부분은 세포 당 당사슬 수가 약 3~4만개에 불과하다고 합니다. 이때 글리코 영양소는 신경세포의 기능을 원활하게 해주고 당사슬을 건강하게 해주는 데 큰 역할을 하며, 당사슬이 건강해져 세포 또한 건강해지면 전체적인 건강 증진 효과를 가져올 수 있습니다.

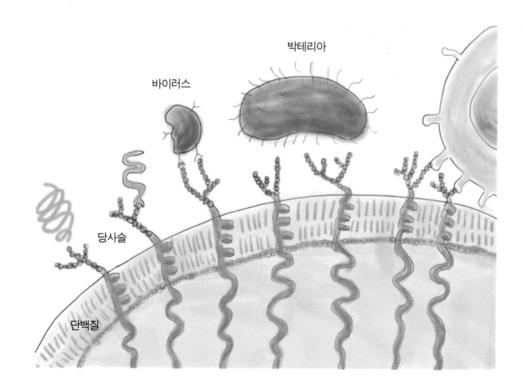

6장 글리코영양소와 자가면역의 관계성은 뭐예요?

1.현대인의 생활양식이 끼치는 영향

현대인의 생활양식은 면역과 영양을 위협하는 다양한 요소들로 가득합니다. 의약품, 독소, 공해, 스트레스, 정서적 불안 등이 그 예입니다. 이런 것들은 글리코 영양소의 결핍을 초래해 세포 교신에 문제를 발생시킵니다.

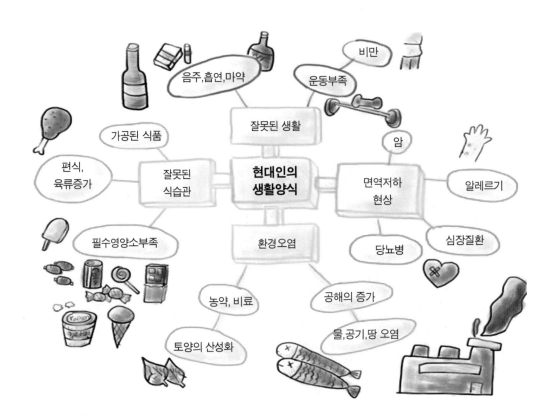

2. 자가면역질환

　자가면역질환이란 면역세포들이 건강한 조직을 적으로 요인해 공격을 함으로써 발생하는 질환으로 천식과 아토피, 알러지와 같은 비교적 흔한 질환부터 류마티스 관절염까지 다양한 종류가 있습니다. 이는 필수탄수화물인 글리코 영양소와 관련된 생물학적 요인으로 발생하는 사고입니다. 때문에 과학자들은 자가면역질환에서 1차적으로는 글리코 영양소의 충분한 섭취가 필요하다고 강조하고 있습니다.

7장 호르몬의 종류와 기능은 뭐예요?

호르몬의 역할 : 여성은 여성답게 하고, 남성은 남성답게 하고, 생명이 태어나게 하고, 신체의 각 부분마다 필요한 기능을 조절합니다. 하지만, 나이가 들수록 호르몬의 균형이 깨지면, 노화의 원인이 되기도 합니다. 세월이 흐르면 약해지는 것이 호르몬입니다.

*호르몬: 우리 몸의 한부분에서 분비되어 혈액을 타고 표적기관으로 이동하는 일종의 화학물질.

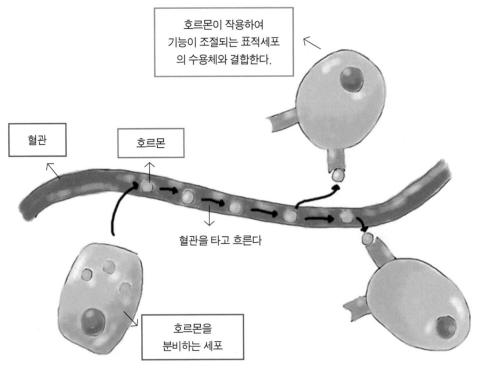

호르몬이 작용하여 기능이 조절되는 표적세포의 수용체와 결합한다.

혈관

호르몬

혈관을 타고 흐른다

호르몬을 분비하는 세포

여성호르몬
(에스트로겐, 프로게스테론)

남성호르몬
(테스토스테론)

1 아름다운 당신의 모습

세로토닌

비타민 D

2 음식

엔돌핀

아드레날린

성장호르몬

3 결핍 증상

갑상선호르몬

인슐린

1. 아름다운 당신의 모습 (여성호르몬, 남성호르몬)

여성은 여성답게, 남성은 남성답게 해주는 호르몬으로, 여성은 난소에서 남성은 고환에서 나오며 성호르몬은 이성에게 호감을 주는 아름다운 모습을 갖게 합니다.

2. 풍부한 당신의 감성 (세로토닌, 엔돌핀, 아드레날린)

인간의 뇌에는 활성물질이 있는데, 그 중 감성을 조절하는 호르몬이 나옵니다. 그 중 가장 큰 영향을 주는 것이 세로토닌, 엔돌핀, 아드레날린 호르몬입니다.

세로토닌 : 기분을 차분하게 해주는 뇌 호르몬

엔돌핀 : 아픔을 없애주고, 명랑하게 해서 건강하게 해주는 호르몬

아드레날린 : 스트레스를 받으면 나오는 호르몬

세로토닌의 형태

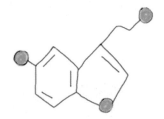

3. 활발한 당신의 대사작용(성장호르몬, 갑상선호르몬, 인슐린)

우리 몸에 영양분이 들어오면 에너지를 만들고, 대사를 시키는 작용을 합니다.

성장호르몬 : 에너지 대사, 신진대사를 원활하게 하고, 키를 크게 한다.

갑상선호르몬 : 에너지대사의 양을 조절해서 우리 몸의 체온을 유지한다.

인슐린 : 혈당을 조절하는 역할을 한다.

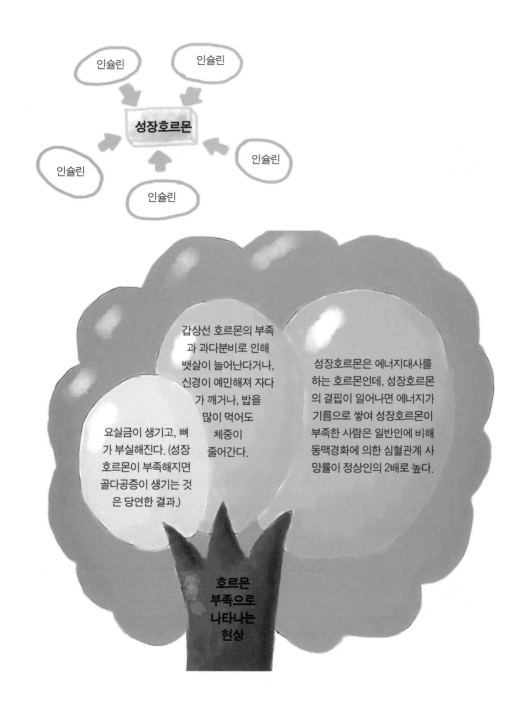

인슐린

인슐린

성장호르몬

인슐린

인슐린

인슐린

갑상선 호르몬의 부족과 과다분비로 인해 뱃살이 늘어난다거나, 신경이 예민해져 자다가 깨거나, 밥을 많이 먹어도 체중이 줄어간다.

성장호르몬은 에너지대사를 하는 호르몬인데, 성장호르몬의 결핍이 일어나면 에너지가 기름으로 쌓여 성장호르몬이 부족한 사람은 일반인에 비해 동맥경화에 의한 심혈관계 사망률이 정상인의 2배로 높다.

요실금이 생기고, 뼈가 부실해진다. (성장호르몬이 부족해지면 골다공증이 생기는 것은 당연한 결과.)

호르몬 부족으로 나타나는 현상

4.자연요법으로 채우는 호르몬

햇볕을 쬐라

 성장호르몬, 여성호르몬 모두 뼈와 관계된 것이므로 뼈를 튼튼히 해 주는 호르몬의 역할을 대신하게 하는 것이 바로 햇빛입니다. 우리 몸은 햇볕을 쬐면 비타민D를 합성하게 되는데, 이 비타민D가 골밀도를 높여줍니다.

푹 자라.

 호르몬들은 분비가 변동하는 일중변화가 있습니다. 대부분의 노화로 부족해지는 호르몬들은 밤사이에 숙면을 하면 분비가 잘 됩니다. 따라서 충분한 시간동안 푹 자는 것이 호르몬 분비를 원활하게 합니다.

근육을 자극하라.

 근육을 자극하면 남성호르몬이나 성장호르몬을 자극할 수 있습니다. 특히 지방이 적어지면 남성호르몬 분비가 늘어나기 때문에 운동은 부족한 남성 호르몬을 채우는 데 큰 역할을 합니다.

식물성 아미노산을 먹어라.

 호르몬을 대부분 단백질로 만들어집니다. 따라서 단백질 섭취가 필요한데, 그 중 특히 몸에 더 좋은 식물성 아미노산을 먹어야 합니다. 키위 같은 과일과, 아몬드, 땅콩, 호두 같은 견과류, 콩 같은 것들이 대표적인 예입니다.

8장 인체를 구성하는 장기에 대해 알고 있나요?

장은 내부가 충실한, 부는 반대로 공허한 기관을 가리킵니다. 삼초는 해부학상의 기관은 아니며, 상초 · 중초 · 하초로 나뉘어 각각 호흡기관 · 소화기관 · 비뇨생식기관을 가리킵니다.

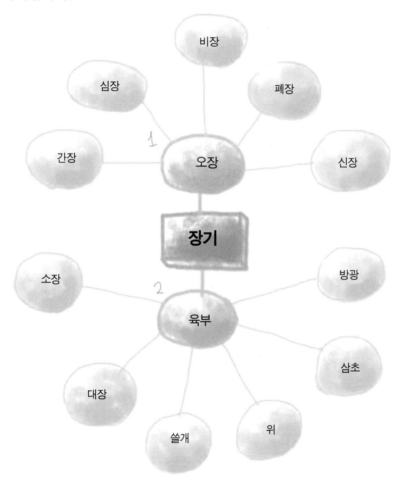

1. 오장(간장, 심장, 비장, 폐장, 신장)의 구성

① 간장

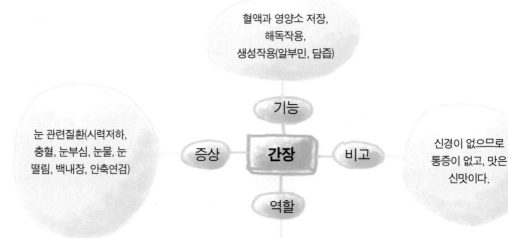

혈액과 영양소 저장,
해독작용,
생성작용(알부민, 담즙)

기능

눈 관련질환(시력저하,
충혈, 눈부심, 눈물, 눈
떨림, 백내장, 안축연검)

증상   **간장**   비고

신경이 없으므로
통증이 없고, 맛은
신맛이다.

역할

몸 안에 있는 가장 큰 장기로서
우리가 섭취한 음식물이 위장에서 흡수되어
간장으로 운반되며, 그곳에서 몸에 필요한
성분으로 다시 만들어진 다음, 몸의 각 부분
으로 옮겨져서 몸 안의 각종 장기가 기능을
발휘하도록 한다.

② 심장

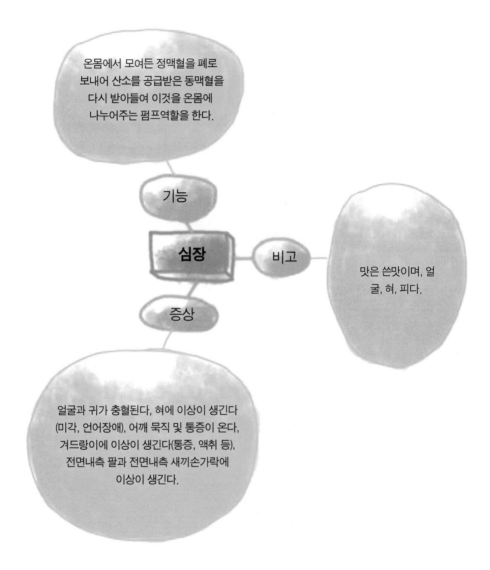

온몸에서 모여든 정맥혈을 폐로 보내어 산소를 공급받은 동맥혈을 다시 받아들여 이것을 온몸에 나누어주는 펌프역할을 한다.

기능

심장

비고

맛은 쓴맛이며, 얼굴, 혀, 피다.

증상

얼굴과 귀가 충혈된다, 혀에 이상이 생긴다(미각, 언어장애), 어깨 묵직 및 통증이 온다, 겨드랑이에 이상이 생긴다(통증, 액취 등), 전면내측 팔과 전면내측 새끼손가락에 이상이 생긴다.

③ 비장

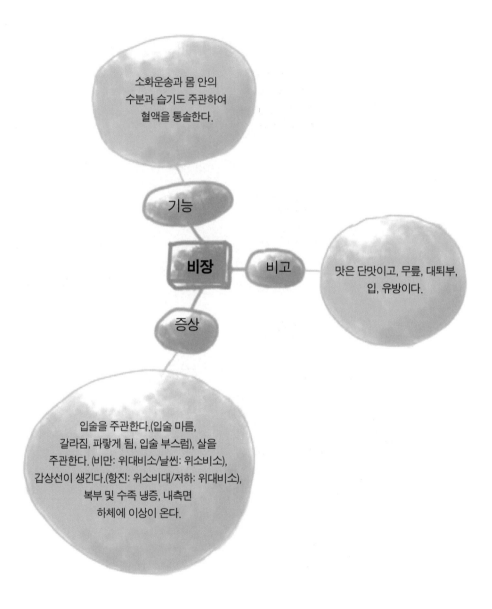

소화운송과 몸 안의
수분과 습기도 주관하여
혈액을 통솔한다.

기능

비장

비고

맛은 단맛이고, 무릎, 대퇴부,
입, 유방이다.

증상

입술을 주관한다.(입술 마름,
갈라짐, 파랗게 됨, 입술 부스럼), 살을
주관한다. (비만: 위대비소/날씬: 위소비소),
갑상선이 생긴다.(항진: 위소비대/저하: 위대비소),
복부 및 수족 냉증, 내측면
하체에 이상이 온다.

④ 폐장

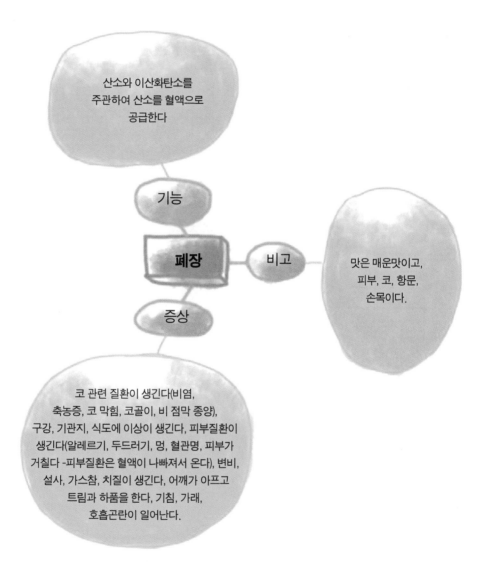

산소와 이산화탄소를
주관하여 산소를 혈액으로
공급한다

기능

폐장

비고

맛은 매운맛이고,
피부, 코, 항문,
손목이다.

증상

코 관련 질환이 생긴다(비염,
축농증, 코 막힘, 코골이, 비 점막 종양),
구강, 기관지, 식도에 이상이 생긴다, 피부질환이
생긴다(알레르기, 두드러기, 멍, 혈관명, 피부가
거칠다 -피부질환은 혈액이 나빠져서 온다), 변비,
설사, 가스참, 치질이 생긴다, 어깨가 아프고
트림과 하품을 한다, 기침, 가래,
호흡곤란이 일어난다.

⑤ 신장

소변 습관불량, 술, 커피,
늦은 야식, 알부민

원인

생긴 것은 콩 모양이고,
색깔은 팥 색깔이며,
맛은 짠맛이고, 귀, 뼈,
골수, 발목, 허리이다.

비고

신장

기능

혈액내의 장여수분과
노폐물과 요산 및
염분을 정화하는
기관이다.

증상

귀 관련 질환이 생긴다(중이염,
청각장애, 이명, 귀이지, 귀 가려움),
생식기에 이상이 생긴다(남자: 정력부족,
전립선비대증, 불임, 허리근육통/여자: 생리통,
불순, 자궁근종, 난소이상, 불임, 허리근육통),
탈모나 흰머리가 생긴다, 부종이 온다(손,
발,눈꺼풀), 신체의 뒤편에 이상이 생긴다(목,
등, 허리근육, 장딴지, 발바닥 등)

2. 육부(소장, 대장, 쓸개, 위, 삼초, 방광)의 구성

① 소장

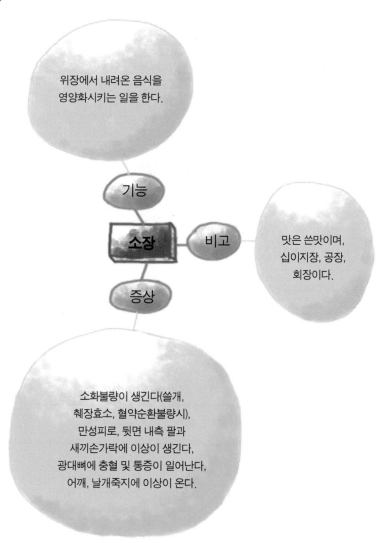

위장에서 내려온 음식을
영양화시키는 일을 한다.

기능

소장

비고

맛은 쓴맛이며,
십이지장, 공장,
회장이다.

증상

소화불량이 생긴다(쓸개,
췌장효소, 혈액순환불량시),
만성피로, 뒷면 내측 팔과
새끼손가락에 이상이 생긴다,
광대뼈에 충혈 및 통증이 일어난다,
어깨, 날개죽지에 이상이 온다.

② 대장

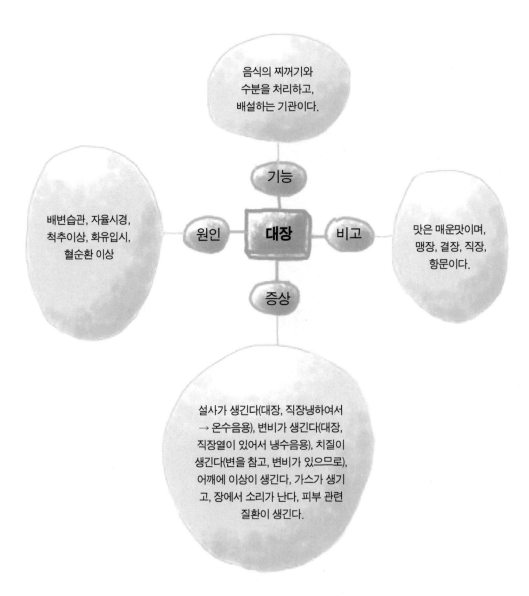

음식의 찌꺼기와
수분을 처리하고,
배설하는 기관이다.

기능

배변습관, 자율시경,
척추이상, 화유입시,
혈순환 이상

원인

대장

비고

맛은 매운맛이며,
맹장, 결장, 직장,
항문이다.

증상

설사가 생긴다(대장, 직장냉하여서
→ 온수음용), 변비가 생긴다(대장,
직장열이 있어서 냉수음용), 치질이
생긴다(변을 참고, 변비가 있으므로),
어깨에 이상이 생긴다, 가스가 생기
고, 장에서 소리가 난다, 피부 관련
질환이 생긴다.

③ 담/쓸개

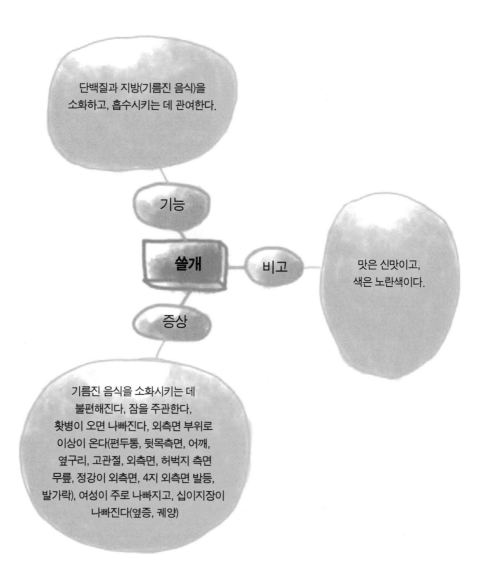

단백질과 지방(기름진 음식)을
소화하고, 흡수시키는 데 관여한다.

기능

쓸개

비고

맛은 신맛이고,
색은 노란색이다.

증상

기름진 음식을 소화시키는 데
불편해진다, 잠을 주관한다,
홧병이 오면 나빠진다, 외측면 부위로
이상이 온다(편두통, 뒷목측면, 어깨,
옆구리, 고관절, 외측면, 허벅지 측면
무릎, 정강이 외측면, 4지 외측면 발등,
발가락), 여성이 주로 나빠지고, 십이지장이
나빠진다(옆증, 궤양)

④ 위/위장

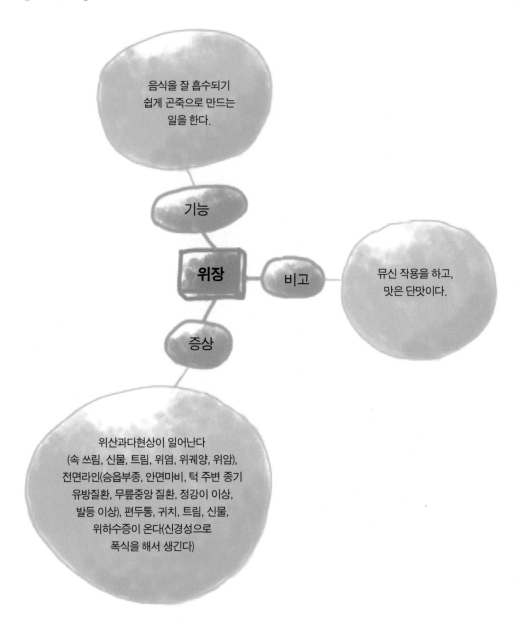

음식을 잘 흡수되기 쉽게 곤죽으로 만드는 일을 한다.

기능

위장

비고

뮤신 작용을 하고, 맛은 단맛이다.

증상

위산과다현상이 일어난다 (속 쓰림, 신물, 트림, 위염, 위궤양, 위암), 전면라인(승읍부종, 안면마비, 턱 주변 종기 유방질환, 무릎중앙 질환, 정강이 이상, 발등 이상), 편두통, 귀치, 트림, 신물, 위하수증이 온다(신경성으로 폭식을 해서 생긴다)

⑤ 삼초

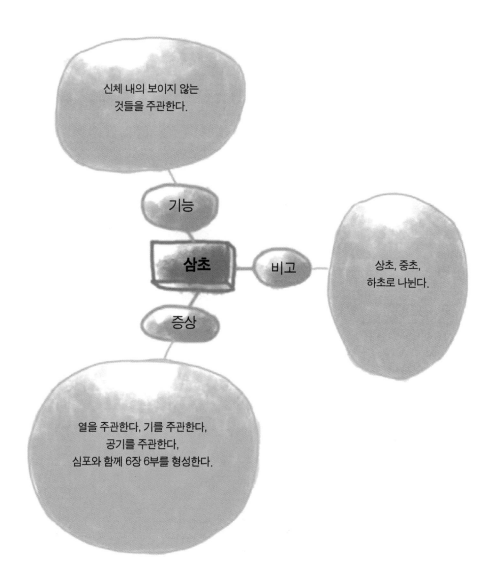

신체 내의 보이지 않는
것들을 주관한다.

기능

삼초

비고

상초, 중초,
하초로 나뉜다.

증상

열을 주관한다, 기를 주관한다,
공기를 주관한다,
심포와 함께 6장 6부를 형성한다.

⑥ 방광

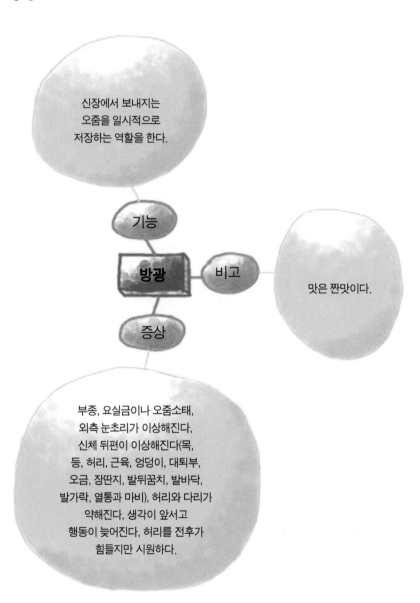

신장에서 보내지는
오줌을 일시적으로
저장하는 역할을 한다.

기능

방광

비고

맛은 짠맛이다.

증상

부종, 요실금이나 오줌소태,
외측 눈초리가 이상해진다,
신체 뒤편이 이상해진다(목,
등, 허리, 근육, 엉덩이, 대퇴부,
오금, 장딴지, 발뒤꿈치, 발바닥,
발가락, 열통과 마비), 허리와 다리가
약해진다, 생각이 앞서고
행동이 늦어진다, 허리를 전후가
힘들지만 시원하다.

9장 건강상식 인증마크에 대해 알아봅시다

1. 코셔마크

코셔(kosher)는 '합당한', '적법한', '정결한' 이란 뜻으로, 유대인의 실시에 관련된 율법인 카샤롯에 의해 먹어도 되는 음식과 안 되는 음식을 엄격히 구분해 놓은 것입니다. 유대인들은 먹어도 되는 음식을 '코셔' 라고 하는데 이런 유대인의 율법을 현대에 옮겨서 하나의 인증법으로 만든 것이 바로 코셔 마크입니다.

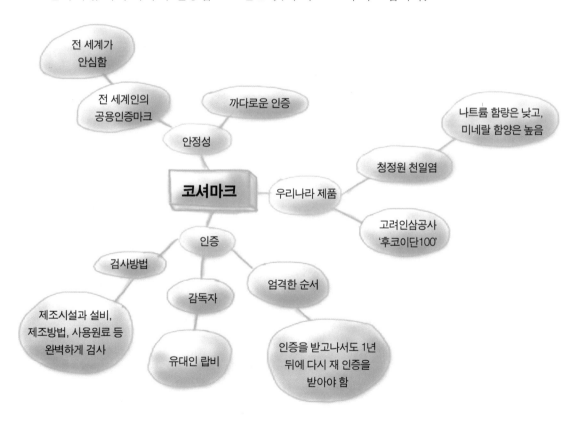

2. 건강인증마크

식약처 3대 인증마크로 건강기능식품 인증, GMP인증, 식품이력추적관리 인증이 있습니다. 식약처 인증마크는 함량미달, 표시성분과 다른 저가 불량원료를 사용하고 원산지를 속이는 제품이 조금이라도 있으면 절대 인증해주지 않습니다. 이런 식약처 3대 인증마크 외에도 세계적으로 유명하고, 안전한 인증마크로는 NSF인증, KHSA인증, PDR마크 등이 있습니다. PDR은 미국의 의사와 약사들이 참고하는 책인데, 이 PDR에 수록이 되는 것도 매우 힘든 일이고, 그만큼 수록된 제품들의 약효도 뛰어나다고 합니다.

식약처에 인정,신고된 제품만 제품포장 앞면에 이 마크를 사용할 수 있고, 식약처의 건강기능식품규정에 따라 일정절차를 거쳐 만들어지는 제품이라는 것을 인증해주는 마크.

건강기능식품의 품질보증을 위한 제조 및 품질관리 기능을 해주고 제조 및 품질관리가 우수한 업소에게 주어지는 마크이며, 원료의 구입부터 입고, 제조가 모두 과학적으로 품질이 보증되는 곳에서만 받을 수 있는 인증.

건강기능식품은 포장에 표시, 광고하는 내용에 대해 사단법인 한국건강기능식품협회 '기능성 표시 · 광고심의위원회' 사전심의를 받아야하는데, 이 심의위원회는 각계 전문가들이 모여서 식약처에서 인정한 기능성을 벗어나지 않는지를 평가한다.

제품의 제조, 가공단계부터 판매단계까지의 과정의 이력을 추적하여 기록, 관리하는 시스템이므로 소비자의 알권리를 보장하고, 안전한 식품을 선택할 수 있는 지표가 되는 인증마크.

건강인증마크

GMP

KHSA

식품이력 추적관리

건강인증 마크

NSF

National Sanitation Foundation의 약자로 미국국제 위생안전기관을 말하며, NSF의 보증보건 및 안전성분야는 전세계적으로 권위를 얻고있는만큼 NSF인증서를 취득했다는 것만으로도 제품이나 부품, 소재의 공신력을 인정할 수 있다. 또, NSF인증은 1회성으로 끝나는 것이 아니라, 매년 불시로 이루어지고 있으며 제품성능 불합격시에는 NSF인증을 박탈할 정도로 엄격한 관리, 감독을 하고 있다.

내 몸 건강을 위한 현명한 선택!

암에 걸려도 살 수 있다

200만 암환자에게 전하는 희망의 메시지

'난치성 질환에 치료혁명의 기적'을 이룬 조기용 박사는 지금껏 2만 여명의 암 환자들을 치료해 왔고, 이를 통해 많은 환자들이 암의 완치라는 기적 아닌 기적을 경험한 바 있으며, 통합요법을 통해 몸 구조와 생활습관을 동시에 바로잡는 장기적인 자연면역 재생요법으로 의학계에 새 바람을 몰고 있다.

조기용 지음 / 255쪽 / 값 15,000원

20년 젊어지는 비법 1,2

한국인들의 사망률 1, 2위를 차지하는 암과 심장질환은 물론 비만, 제2형 당뇨, 대사증후군, 과민성대장증상 등 각종 질병에 대한 치료정보를 제공, 스스로가 자신의 질병을 치유하고 노화를 저지하여 무병장수하도록 평생건강관리법의 활용방법을 제시하고 있다.

우병호 지음 / 1권 : 380쪽, 2권 : 392쪽 /
값 각권 15,000원

건강의 재발견 벗겨봐

지금까지 믿고 있던 건강 지식이 모두 거짓이라면 당신은 어떻게 하겠는가? 이 책은 건강을 위협하는 대중적인 의학적 맹신의 실체와 함께 잘못된 건강 정보에 대해 사실을 밝히고 있다.

김용범 지음 / 272쪽 / 값 13,500원

효소 건강법

당신의 병이 낫지 않는 진짜 이유는 무엇일까? 병원, 의사에게 벗어나 내 몸을 살리는 효소 건강법에 주목하라! 효소는 우리 몸의 건강을 위해 반드시 필요한 생명 물질이다. 이 책은 효소를 낭비하는 현대인의 생활습관과 식습관을 짚어보고 이를 교정함으로써 하늘이 내린 수명, 즉 천수를 건강하게 누리는 새로운 방법을 제시하고 있다.

임성은 지음 / 264 쪽 / 값 12,000원

건강 적신호를 청신호로 바꾸는 건강가이드
내 몸을 살린다 세트로 건강한 몸을 만드세요

① 누구나 쉽게 접할 수 있게 내용을 담았습니다.
일상 속의 작은 습관들과 평상시의 노력만으로도 건강한 상태를 유지할 수 있도록 새로운 건강 지표를 제시합니다.
② 한권씩 읽을 때마다 건강 주치의가 됩니다.
오랜 시간 검증된 다양한 치료법, 과학적·의학적 수치를 통해 현대인이라면 누구나 쉽게 적용할 수 있도록 구성되어 건강관리에 도움을 줍니다.
③ 요즘 외국의 건강도서들이 주류를 이루고 있습니다.
가정의학부터 영양학, 대체의학까지 다양한 분야의 국내 전문가들이 집필하여, 우리의 인체 환경에 맞는 건강법을 제시합니다.

정윤상 외 지음 / 전 25 권 세트 / 값 75,000원

글 정옥선 이메일 : oksun1121@naver.com
세상은 그를 '건강전도사' 라고 부른다. 그는 스스로를 '건강지킴이' 라고 말한다. 주위에서 건강 때문에 생명을 잃어가는 충격적인 경험을 하면서 환경과 음식이 몸에 미치는 것에 관심을 갖고 글을 쓰게 되었다. 현재 사회적 기업가로 활동하고 있으며 많은 사람들에게 건강정보를 널리 전해주고 있다.

그림 민예지
현재 대전제일고등학교 1학년에 재학 중이고 엄마가 건강관련 사업을 하는 것을 보고 고객들과 상담할 때 쉽게 설명할 수 있도록 요점정리와 함께 그림을 직접 그렸다.

내 몸에 꼭 필요한 영양소는 무엇일까?

초판 1쇄 인쇄 2015년 07월 15일
3쇄 발행 2017년 06월 30일

지은이	정옥선
그린이	민예지
발행인	이용길
발행처	모아북스 MOABOOKS

관리	양성인
디자인	이룸

출판등록번호	제 10-1857호
등록일자	1999. 11. 15
등록된 곳	경기도 고양시 일산동구 호수로(백석동) 358-25 동문타워 2차 519호
대표 전화	0505-627-9784
팩스	031-902-5236
홈페이지	www.moabooks.com
이메일	moabooks@hanmail.net
ISBN	979-11-5849-003-4 03570